QC TERMS HANDBOOK

子安 弘美 著

電気書院

ま　え　が　き

本書は，品質管理検定（QC 検定 1 級から 4 級）を受験される方々，検定合格後実務で活躍されている方，海外からの研修生の方，海外へ指導に行かれる方など幅広く使えるように用意しました．

QC 検定の模擬問題集では，「品質管理検定運営委員会」が発行する「品質管理検定レベル表」に対して忠実であること，受験者の視点で考えること，さらに，合格後も本を役立ててもらうにはどうすればよいのか．と考えて品質管理に関連する用語，統計手法に用いられる記号，用語の解説が主な内容でした．

4 級では，その内容が，社会人，働く者の一般常識，一般教養であり，留学生，海外からの研修生が，日本語と品質管理を同時に学んでもらうために，また，海外へ指導に行かれる方のためにと，用語の英語併記を行ないました．

模擬問題集の執筆を通して，模擬問題集に対して「テキスト」「参考書」の出版とも考えましたが，1 級から 4 級まですべてで使えて，実務では，より多くの場で使える手引書・ハンドブックができないであろうかとの思いを基に編集しました．

日本語では，「試験，検査」，「計る，量る，測る」，「目的と目標」，「保証，補償，保障」などの違い，英訳での改善，5 S に対する英語，マネジメント，プロセスなど，英語のカタカナ表記の日本語など，どのように解釈すればよいか？　類似語の区分・区別するポイントは？　日本語も英訳も文章の前後の関係で微妙な解釈の違いがあり，訳者によって用いられる単語の違いがあります．英文の論文，書籍を見ても様々な言葉があって，いずれが的確な英語なのかも決めきれず，本書では 1 つの言葉・用語に対して関連する英語を複数記載しました．

そして，言葉・用語の解説は，シンプルイズベストをモットーとして要点だけに絞って概要が理解できる内容としています．

詳細を知りたいとか，深く掘り下げた内容を調べたい方はそれぞれの専門書，JIS などを参照願いたい．

The author sincerely thank Mr. Tak Suginaga (Panasonic OB), Mr. H. Katoh (Panasonic OB), Mr. Kent Ono (PAC Vp), Mr. Hien Ken Phan (PAC), Mrs. Etsuko Leyland, and Mrs. Mackey for polite checks and advice.

目次

手法

1-1 基本事項・共通事項

確率

読み かくりつ

英語 Probability

読み プロバビリティー

要約 ある事象が起こる可能性の度合，ある事柄が起こる確からしさのこと．事象 A の確率は，事象 A が起こる数を全体の数で割った数である．
例：コインを投げたときに表が出る確率は50％である．

確率変数

読み かくりつへんすう

英語 Random variable, Aleatory variable, Stochastic variable

読み ランダム・バリアブル，エイリトリー・バリアブル，ストキャスティック・バリアブル

要約 ある確率によって値がいろいろと変化する数を x, y などで表した文字．記号など実験や試行，サンプリングして測定しないと値が確定しない性質をもつ量や数のこと．

修正項

読み しゅうせいこう

英語 CT（Correction Term）

読み シーティー（コレクション・ターム）

要約 ばらつきを表す指標の1つである平方和（偏差平方和）を求める式を展開した時の「データの総和の2乗」を「データの総数」で割った値を修正項（CT）という．

$$S=\Sigma(x-\bar{x})^2=\Sigma x^2-CT \qquad CT=\frac{(\Sigma x)^2}{n}=\frac{(\text{データの総和})^2}{(\text{データの総数})}$$

S は，平方和を表す記号．（p.265，p.270参照）

大数の法則

読み　たいすうのほうそく，だいすうのほうそく

英語　Law of large numbers

読み　ロー・オブ・ラージ・ナンバーズ

要約
大数の法則 1（計量値）：サンプル数 n を限りなく大きくすると，x のばらつきが限りなく小さくなる．そして，平均値 x は母平均 μ に限りなく近づくこと．
大数の法則 2（計数値）：サンプル数 n を限りなく大きくすると，pn の分布は P に限りなく近づくこと．
P は，母不良率を表す記号．（p.265参照）

中心極限定理

読み　ちゅうしんきょくげんていり

英語　Central limit theorem

読み　セントラル・リミット・スィオレム

要約　一様分布，二項分布，ポアソン分布などどのような分布でもサンプル数 n を多くすることによってサンプルの平均値は正規分布に近似できるという定理で統計手法の基本となっている．

分散の加法性，分散の加成性，分散の加法定理

読み　ぶんさんのかほうせい，ぶんさんのかせいせい，ぶんさんのかほうていり

英語　Additivity of variance

読み　アディティビティー・オブ・バリアンス

要約　確率変数 x_1，x_2，$x_3 \cdots x_n$ が互いに独立である場合，

$$V(z) = V(x_1) + V(x_2) + V(x_3) \cdots + V(x_n) = \sigma^2_{x_1} + \sigma^2_{x_2} + \sigma^2_{x_3} \cdots \sigma^2_{x_n}$$

となる．これを分散の加法性という．
この計算は公差の計算において活用される．
平均が引き算であっても分散は足し算である．分散の足し算であり標準偏差の足し算ではない．

数値変換，変数変換

読み　すうちへんかん，へんすうへんかん

英語　Numerical inversion, Numerical conversion, Numerical transformation

読み　ニューメリカル・インバーション，ニューメリカル・コンバーション，ニューメリカル・トランスフォメーション

要約　データの変換，数値変換などは，扱いやすく，解りやすく，入力ミス，計算ミスなどを防ぐために，処理しやすい形，値へと変換される．

言語データの数値化：個人の好みの（好き）（嫌い）をその度合いで順位データに変換した数値．人間をセンサーとしたデータの順位付けで数値化する．

数値データの変換：計数値のデータは，正規分布に近似させるために，ロジット変換，逆正弦変換，平方根変換などの数値変換を行う．

単位の数値変換：データの変換の一部である数値変換に関して，単位の大きさで記号を変えている．

ロジット変換

読み　ろじっとへんかん

英語　Logit transformation

読み　ロジット・トランスフォメーション

要約　不適合品率（不良率）など計数値の比率データを正規分布に近似するために用いられる変換で，オッズ（odds）$P/(1-P)$ の自然対数に変換すること．

$$\mathrm{Logit}(P)=\ln\frac{P}{1-P} \quad \Rightarrow \quad N\left(\mathrm{Logit}(P),\ \frac{1}{nP(1-P)}\right)$$

逆正弦変換，角変換

読み　ぎゃくせいげんへんかん，かくへんかん

英語　Arcsine transformation, Inverse sine transformation, Angular transformation

読み　アークサイン・トランスフォメーション，インバース・サイン・トランスフォメーション，アンギュラー・トランスフォメーション

要約　二項分布する不適合品率（不良率）$P=\dfrac{x}{n}$ を　逆制限変換すると，正規分布近似できる．

$$\theta=\sin^{-1}\sqrt{P}=\sin^{-1}\sqrt{\frac{x}{n}} \qquad (\text{rad 単位}) \quad \Rightarrow \quad N\left(\theta,\ \frac{1}{4n}\right)$$

平方根変換

読み　へいほうこんへんかん
英語　Square root transformation
読み　スクェア・ルート・トランスフォメーション

要約　ポアソン分布するλを平方根変換すると正規分布に近似できる．
λは単位当たりの不適合数（欠点数），n は単位数

$$Sqr = \sqrt{\lambda} \quad \Rightarrow \quad N\left(Sqr, \frac{1}{4n}\right)$$

z 変換

読み　ぜっとへんかん
英語　z-transform
読み　ゼット・トランスフォーム

要約　電気・電子分野の z 変換と異なり，品質管理・統計では，フィッシャーの z 変換のことで，相関係数 r を正規分布近似するための変換式である．

$$z = \tanh^{-1} r = \frac{1}{2}\ln\frac{1+r}{1-r}$$

この変換したものを元に戻す逆変換は次式で行う．

$$r = \tanh z = \frac{e^{2z}-1}{e^{2z}+1}$$

z 変換図表（p.287参照）．

近似条件

読み　きんじじょうけん
英語　Approximation condition
読み　アプロクシメーション・コンディション

要約　データ変換，数値変換をするときの必要な条件．例えば二項分布に従うデータを正規分布に近似するときの目安として（np）と（$1-p$）が5以上，ポアソン分布に従うデータの場合λ，$n\lambda$ が5以上である．

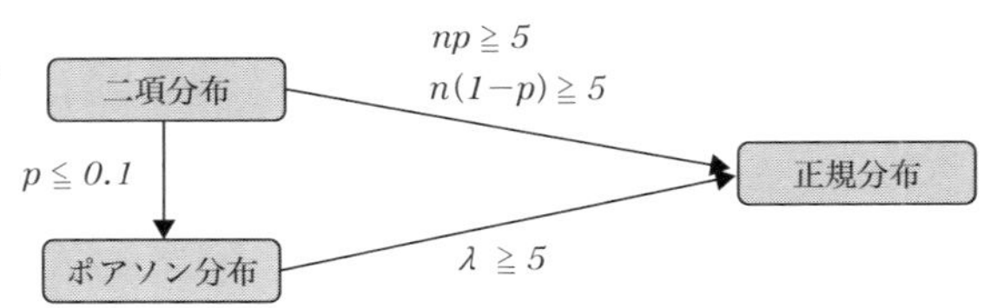

α（第１種の誤りの記号）

読み　あるふぁ（だいいっしゅのあやまりのきごう）
英語　Error of the first kind, Type I error
読み　エラー・オブ・ザ・ファースト・カインド，タイプ・ワン・エラー

要約　第１種の誤り記号 α で表される．
帰無仮説 H_0 が成り立っているにもかかわらず，これを棄却する誤り．
言いかえれば，帰無仮説 H_0 が真実であるのに，誤って H_1 であると判定してしまう確率で，有意水準（Level of significance），危険率，あわてものの誤り（Error of commission）とも呼ばれ，また，抜取検査では生産者危険と呼ばれる．
一般にこの確率は５％が用いられる．

β（第２種の誤りの記号）

読み　べーた（だいにしゅのあやまりのきごう）
英語　Error of the second kind, Type II error
読み　エラー・オブ・ザ・セコンド・カインド，タイプ・トゥー・エラー

要約　第２種の誤り記号 β で表される．
帰無仮説 H_0 が成り立っていないにもかかわらず，これを棄却しない誤り．
ぼんやりものの誤り（Error of omission）とも呼ばれる．また，抜取検査では消費者危険と呼ばれる．
検定では，対立仮説 H_1 が正しいとき，それを検出できることが重要である．
この確率は $1-\beta$ となり，検出力（Power of test）という．（p.54参照）

偶然原因，避けることのできない原因，やむを得ない原因，突き止められない原因，不可避原因

読み　ぐうぜんげんいん，さけることのできないげんいん，やむをえないげんいん，つきとめられないげんいん，ふかひげんいん

英語　Common cause, Chance cause, Non-Assignable cause, Noise, Natural pattern, Random effects, Random error

読み　コモン・コーズ，チャンス・コーズ，ノン・アサイナブル・コーズ，ノイズ，ナチュラル・パターン，ランダム・イフェクツ，ランダム・エラー

要約　原材料を同じであるように管理し，機械の調子を一定にして仕事のやり方を標準化するなどばらつく要因の条件を一定にしてもばらつきをなくすことはできない原因．一般に偶然原因では主たる品質特性への影響は，わずかであり，異常とならない．
偶然原因のみのばらつきでは，管理図は，管理限界外の点もなく，点の並び方のくせもない安定状態となる．

異常原因，避けようと思えば避けることのできる原因，見逃せない原因，突き止められる原因

読み　いじょうげんいん，さけようとおもえばさけることのできるげんいん，みのがせないげんいん，つきとめられるげんいん

英語　Special cause, Assignable cause, Signal, Unnatural pattern, Systematic effects, Systematic error

読み　スペシャル・コーズ，アサイナブル・コーズ，シグナル，アンナチュラル・パターン，システマティック・イフェクツ，システマティック・エラー

要約　指定外の原材料を使ったり，機械の設定を間違ったままで生産したりして，通常有り得ない状態を発生させる原因．これらは，主たる品質特性への影響が大きく，不適合品・不良品の発生を招く．
異常原因でのばらつきは，管理図において管理限界外の点，点の並び方のくせが発生して異常と判断される．

要因

読み　よういん
英語　Cause, Factor
読み　コーズ，ファクター

要約　ある事象，結果（特性）に影響を与えるもの，影響を与えると思われるもので複数の要素，原因のこと．

原因

読み　げんいん
英語　Cause
読み　コーズ

要約　複数ある要因の中で，結果（特性）に影響を与えるものを原因という．要因の中で絞り込まれたもの．

因子

読み　いんし
英語　Factor
読み　ファクター

要約　要因の中で実験で取り上げ，統計手法で解析，分析に用いる要因を因子と呼ぶ．

計量的因子，定量的因子

読み　けいりょうてきいんし，ていりょうてきいんし
英語　Quantitative factor, Continuous factor
読み　クワァンティタティブ・ファクター，コンティニュアス・ファクター

要約　強度，温度，時間などのように水準が計量値（連続量）で表せる因子．

計数的因子，定性的因子

読み　けいすうてきいんし，ていせいてきいんし
英語　Counting factor, Qualitative factor
読み　カウンティング・ファクター，クォリィタティブ・ファクター

要約　計測器の種類，材料の種類などのように計量値（連続量）で表せない因子．

母数因子

読み　ぼすういんし
英語　Parametric factor, Fixed-effect factor
読み　パラメトリック・ファクター，フイックスト・イフェクト・ファクター

要約　水準の効果に再現性のある因子．
データの構造で，各水準の効果を未知母数（定数）と考える因子．各水準の母平均やその水準間での差を推定することに意味があり，各水準の平均値に再現性が要求される因子．制御因子や標示因子は通常母数因子である．

変量因子

読み　へんりょういんし
英語　Random effect factor
読み　ランダム・イフェクト・ファクター

要約　水準効果に再現性のない因子．
データの構造で定数とは考えず，確率変数として扱うべき因子．したがって，各水準の平均値に再現性はなく，その偶然的ばらつきに関心をもつ因子．集団因子や誤差（因子）がこれに属する．

制御因子

読み　せいぎょいんし
英語　Controllable factor, Control factor
読み　コントローラブル・ファクター，コントロール・ファクター

要約　実験によってその最適の水準を見出すことを目的としてとりあげる因子で，水準を指定し，選択することができる因子（母数因子としての性格をもつ）．

標示因子

読み　ひょうじいんし
英語　Indicating factor, Indicative factor
読み　インディケーティング・ファクター，インディカティブ・ファクター

要約　因子についての最適水準を見出すこと自体を目的とするのではなく，その因子の水準ごとに他の因子（制御因子）の最適水準を見出すことを目的とする因子．すなわち，主効果よりは制御因子との間の交互作用についての情報を得ることを目的とする因子（化学反応における反応装置，製品の使用条件など）で，母数因子として解析される．

集団因子

読み　しゅうだんいんし
英語　Group factor
読み　グループ・ファクター

要約　実験でとりあげる水準を多数の水準の中からランダムに選ぶことによって，主効果のばらつきを知ることを目的とする因子で，変量因子の代表的なもの．

ブロック因子

読み　ぶろっくいんし
英語　Block factor
読み　ブロック・ファクター

要約　実験の場の層別のためにとりあげられる因子で（乱塊法），誤差のばらつきを小さくし，処理効果の比較の精度をよくすることを目的とする．母数因子として取り扱うのが適切な場合もあるが，ふつうは変量因子として取り扱われ，制御因子との間には交互作用はないと仮定される．

水準

読み　すいじゅん
英語　Level
読み　レベル

要約　因子による影響を調べるために取り上げる条件．

例えば，

〈因子〉	〈水　準〉		
温度	20 ℃，	30 ℃，	40 ℃
電圧	90 V，	100 V，	110 V
濃度	10 %，	30 %，	50 %

などである．

水準数

読み　すいじゅんすう
英語　Level number
読み　レベル・ナンバー

要約　水準の数.
例えば，温度を100 ℃，150 ℃，200 ℃で実験した場合の水準数は３である.

誤差

読み　ごさ
英語　Error
読み　エラー

要約　観測値・測定結果から真の値を引いた値.

サンプリング誤差（標本誤差）

読み　さんぷりんぐごさ（ひょうほんごさ）
英語　Sampling error
読み　サンプリング・エラー

要約　同一条件（同じ材料，同じ装置で同じ人が同じ方法）で製造した同じ母集団の中からサンプリングして得たサンプルでも１つ１つのサンプルには少しの違いはある. この違いをサンプル誤差という. サンプリングに伴って発生する誤差である.

測定誤差

読み　そくていごさ
英語　Measurement error, Error of measurement
読み　メジャーメント・エラー，エラー・オブ・メジャーメント

要約　同じサンプルを繰り返し測定した時の値の違いを測定誤差という．
違う測定器で測定したとき，測定者が違う場合，異なる値の場合がある．
また，同じ測定器，同じ測定者でも繰り返し測定すると，異なる値になる場合がある．

カタヨリ（偏り），正確さ

読み　かたより，せいかくさ
英語　Bias
読み　バイアス

要約　観測値・測定結果の期待値（測定値の母平均）から真の値を引いた値．

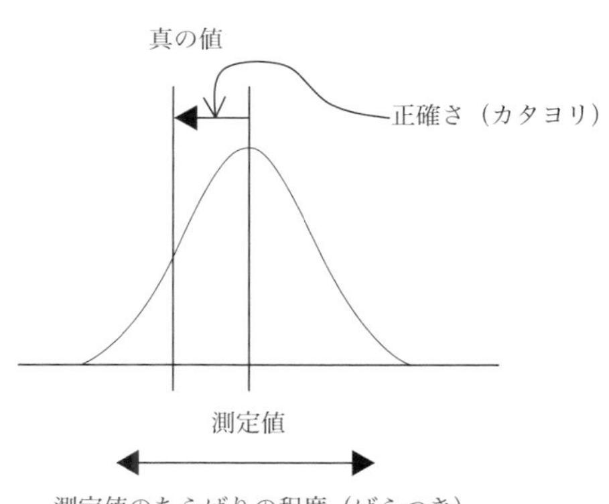

正確さ，真度

読み　せいかくさ，しんど
英語　Trueness
読み　トゥルーネス

要約　真の値からのかたよりの程度．かたよりが小さい方が，より真度が良いまたは高いという．
かたよりの小さい程度．

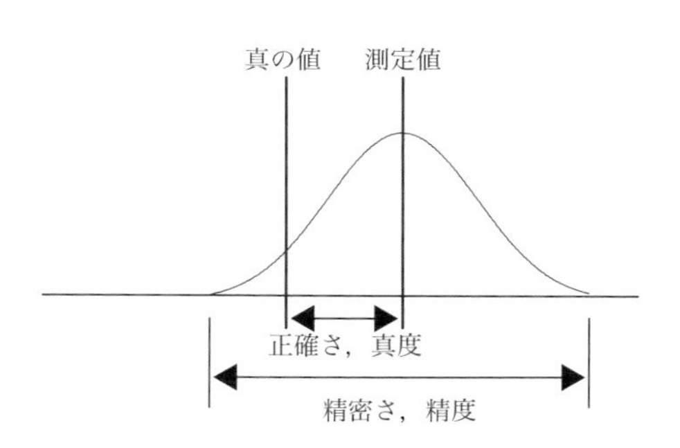

精密さ，精度

読み　せいみつさ，せいど

英語　Precision

読み　プレシジョン

要約　同一試料に対し，定められた条件の下で得られる独立（他からの影響・関連などがない）な観測値・測定結果のばらつきの程度．
ばらつきが小さい方が，より精度が良いまたは高いという．
ばらつきの小さい程度．

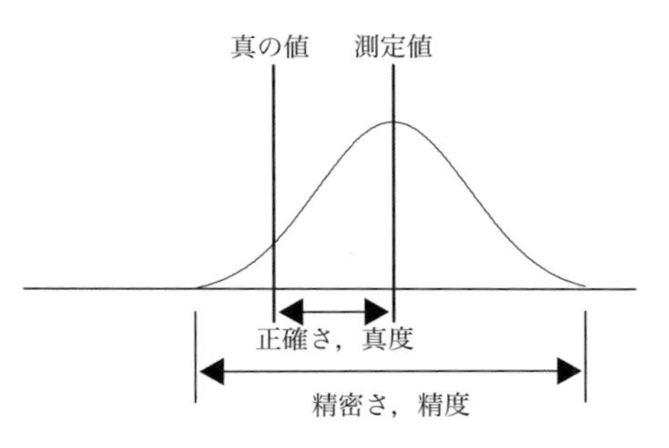

精確さ，総合精度

読み　せいかくさ，そうごうせいど

英語　Accuracy

読み　アキュラシー

要約　観測値・測定結果と真の値との一致の程度．
「正確さ，真度」と「精密さ，精度」を総合的に表したもの．
測定結果の正確さと精密さを含めた，測定量の真の値との一致の度合い．
「精確さ，総合精度」⇒「正確さ，真度」&「精密さ，精度」

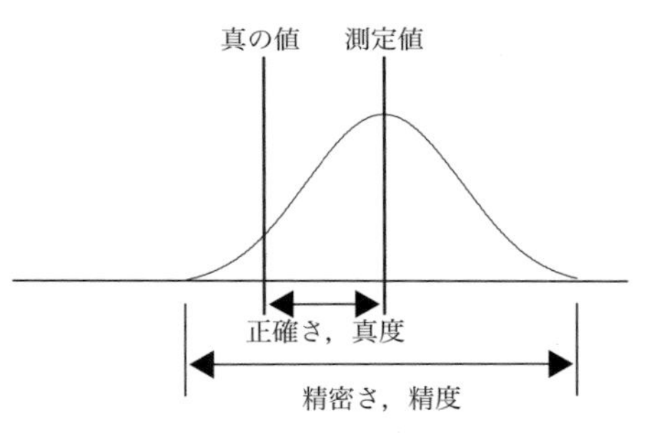

精確さ・総合精度				
正確さ，真度	良い	悪い	良い	悪い
精密さ，精度	良い	良い	悪い	悪い

系統誤差

読み　けいとうごさ
英語　Systematic error
読み　システマティック・エラー

要約　同一の特性についての複数の測定結果の間に予測できる変化や一定の変化を生じさせる．系統誤差やその原因には既知，未知の両方の場合がある．測定結果にかたよりを与える原因によって生じる誤差．

偶然誤差

読み　ぐうぜんごさ
英語　Random error
読み　ランダム・エラー

要約　誤差の１つの成分で同一の特性についての複数の観測値・測定結果の間に予測できない変化を生じさせる．偶然誤差を補正することは不可能である．突き止められない原因によって起こり，測定値のばらつきとなって現れる誤差．

部分誤差

読み　ぶぶんごさ
英語　Partial error
読み　パーシャル・エラー

要約　いくつかの量の値から間接に導き出される量の値の誤差のうちで，それを構成する個々の量の値の誤差によって生じる部分．

合成誤差

読み　ごうせいごさ
英語　Resultant error
読み　リザルタント・エラー

要約　いくつかの量の値から間接に導き出される量の値の誤差として，部分誤差を合成したもの．

母数

読み　ぼすう
英語　Parameters, Population parameters
読み　パラメータズ，ポピュレーション・パラメータズ

要約　母集団の平均，標準偏差などに母平均，母標準偏差とサンプルのデータから計算した統計量と区別するために母をつけている．母集団の確率分布のパラメータのこと．

統計量

読み　とうけいりょう
英語　Statistics, Sample statistics
読み　スタティスティックス，サンプル・スタティスティックス

要約　母集団からサンプルを採ってそのサンプルのデータから平均値，標準偏差などを計算して求めた値の総称．

確率分布

読み　かくりつぶんぷ
英語　Probability distribution
読み　プロバビリティー・ディストリビューション

要約　確率変数（実験や試行，サンプリングして測定することで得た量や数の値）の各々の値に対して，実現確率（その起こりやすさ）を表したもので関数ということもできる．
離散確率分布と連続確率分布に大きく分けられる．

一様分布

読み　いちようぶんぷ
英語　Uniform distribution
読み　ユニフォーム・ディストリビューション

要約　ある区間（1～6）内のすべてにおいて同じ値である分布である．
サイコロを無限回振ったとき，ルーレットを無限界回したときのそれぞれの出目の確率はすべて同じとなる．このような分布を一様分布と読んでいる．
離散一様分布と連続一様分布がある．

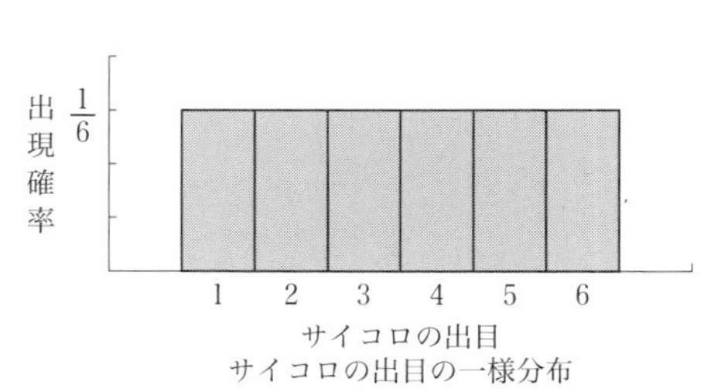

サイコロの出目の一様分布

離散分布，離散確率分布，不連続分布

読み　りさんぶんぷ，りさんかくりつぶんぷ，ふれんぞくぶんぷ
英語　Discrete distribution, Discrete probability distribution, Discontinual distribution
読み　ディスクリート・ディストリビューション，ディスクリート・プロバビリティー・ディストリビューション，ディスコンティニュアル・ディストリビューション

要約　確率変数が離散値（計数値）の分布で，二項分布，超幾何分布，ポアソン分布などがある．

超幾何分布

読み　ちょうきかぶんぷ

英語　Hypergeometric distribution

読み　ハイパージオメトリック・ディストリビューション

要約　二項分布は無限母集団からの復元抽出であるが，超幾何分布は有限母集団からの非復元抽出（抽出したサンプルを戻さない）を考えた分布である．
超幾何分布は，HG（N, M, n）で表す．
N：有限母集団の数
M：ある属性の要素数
n：標本数（サンプル数）
確率関数，期待値，分散は，p.276参照．

有限母集団$N=1000$，
$n=30$一定として
$M=50$～500としたときの
確率

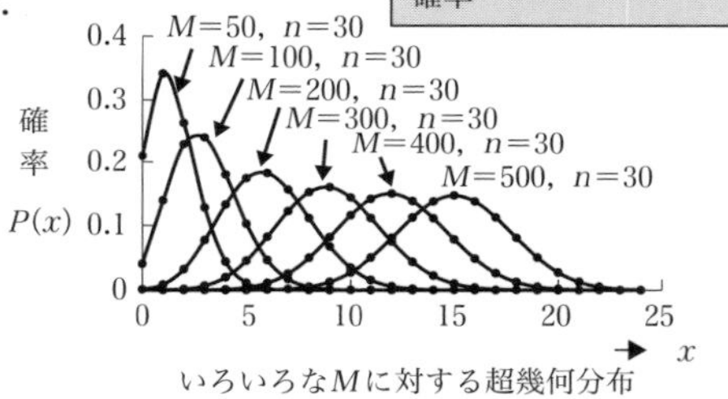

いろいろなMに対する超幾何分布

二項分布，2項分布

読み　にこうぶんぷ

英語　Binomial distribution

読み　バイノミアル・ディストリビューション

要約　事象Aの起こる確率Pの試行を，独立にn回行うとき，事象Aの起こる回数Xの分布である．
母不適合品率・不良率Pの工程からn個のサンプルをとったときに含まれる不適合品・不良品X個の発生確率の分布である．同様に，成功率なども同じ分布である．
二項分布は，Bi（n, p）で表す．
n：試行回数（サンプル数）
p：発生確率（不良率）
確率関数，期待値，分散は，p.276参照．

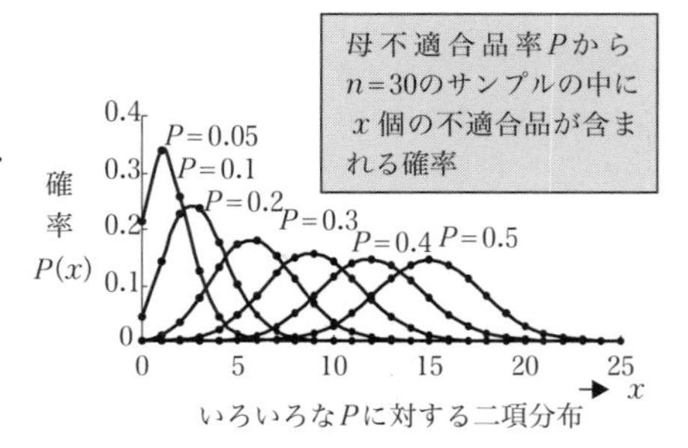

いろいろなPに対する二項分布

ポアソン分布

読み　ぽあそんぶんぷ
英語　Poisson distribution
読み　ポアソン・ディストリビューション

要約　二項分布の $N \to \infty$,　$X \to 0$ と極限にした分布である．不適合数（欠点数），単位当たりの不適合数（欠点数）などの分布である．
ポアソン分布は，P_0（λ）で表す．
λ：期待発生回数（発生数・欠点数）
確率関数，期待値，分散は，p.276参照．

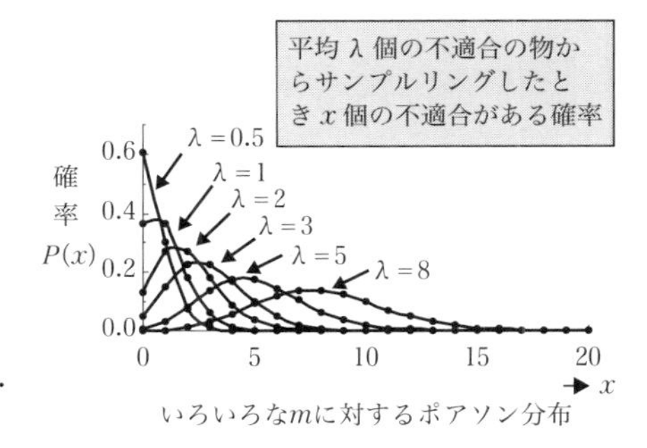

いろいろなmに対するポアソン分布

連続分布，連続確率分布

読み　れんぞくぶんぷ，れんぞくかくりつぶんぷ
英語　Continuous distribution, Continuous probability distribution
読み　コンティニュアス・ディストリビューション，
コンティニュアス・プロバビリティー・ディストリビューション

要約　確率変数が連続値（計量値）の分布で，正規分布，ガンマ分布などがある．

正規分布，ガウス分布

読み　せいきぶんぷ，がうすぶんぷ
英語　Normal distribution, Gaussian distribution
読み　ノーマル・ディストリビューション，ガウシアン・ディストリビューション

要約　計量値（連続量）の最も代表的な分布で，左右対称の釣鐘型をしている．
ガウス分布とも呼ばれる．ガウスは，p.235参照．
分布の形は定数 μ と σ で定まる．
正規分布は，N（μ, σ^2）と表す．
μ：母平均
σ^2：母標準偏差
確率関数，期待値，分散は，p.276参照．

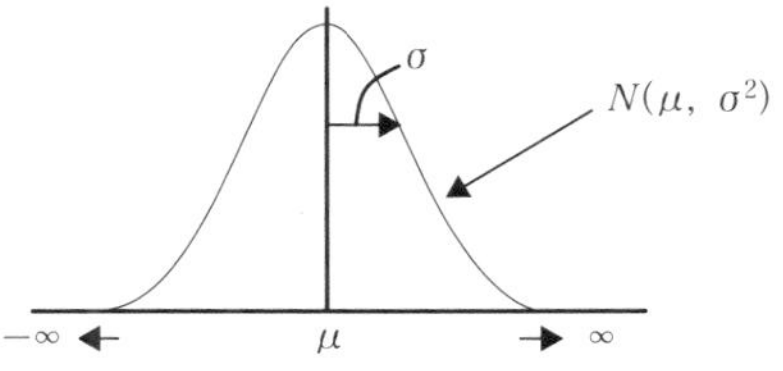

ガンマ分布

読み　がんまぶんぷ

英語　Gamma distribution

読み　ガンマ・ディストリビューション

要約　指数分布を一般化した分布で，ある事象の発生率が $1/\beta$ で与えられる事象が複数回（α 回）起きるまでの待ち時間分布と考えることができる．ウイルスの潜伏期間，人の体重の分布，電子部品の寿命などの分布に用いられる．
ガンマ分布 $Ga\ (\alpha, \beta)$ と表す．
$1/\beta$：事象の発生率（β：尺度パラメータ）
α：発生回数（形状パラメータ）
確率関数，期待値，分散は，p.276参照．

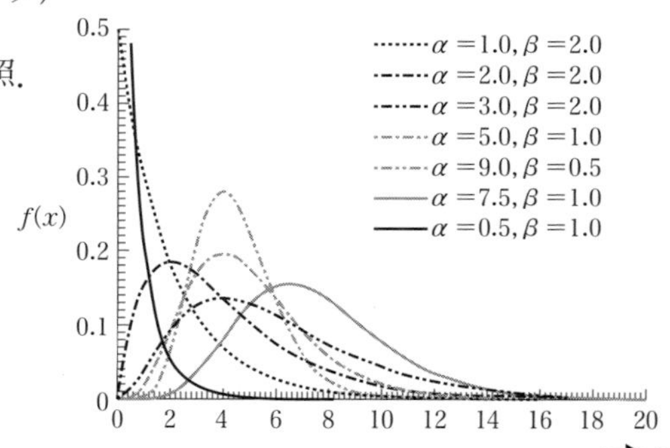

ワイブル分布

読み　わいぶるぶんぷ

英語　Weibull distribution

読み　ワイブル・ディストリビューション

要約　事象の生起確率が対象とする期間内において変化する場合，その事象が発生するまでの時間を確率変数とみなすと，その確率変数が従う分布は，指数分布ではなくワイブル分布となる．ワイブルは，p.236参照．
信頼性の最も代表的な分布である．
ワイブル分布は，$W\ (m, \eta)$ と表す．
m：ワイブル係数（形状パラメータ）
η：尺度パラメータ
確率関数，期待値，分散は，p.276参照．

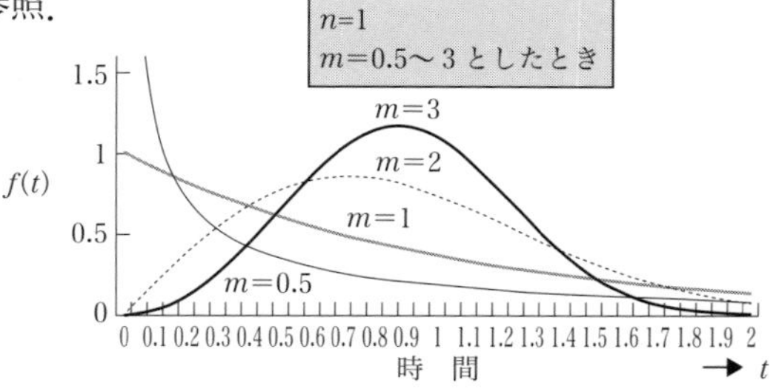

指数分布

読み　しすうぶんぷ
英語　Exponential distribution
読み　エクスポーネンシアル・ディストリビューション

要約　事象の生起確率が一定という条件の下で，その事象が発生するまでの時間の分布である．事故の発生間隔，下水管の耐用年数，銀行窓口への来客間隔などの分布に用いられる．
指数分布は，$Ex\ (\lambda)$ と表す．
λ：単位時間中の事象の平均発生回数
確率関数，期待値，分散は，p.276参照．

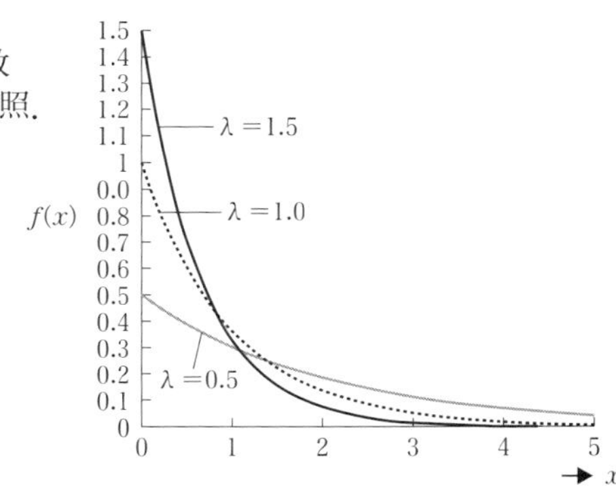

F分布

読み　えふぶんぷ
英語　F-distribution
読み　エフ・ディストリビューション

要約　F 分布は，フィッシャー（p.243参照）が1924年に発表した．F は Fisher の頭文字であり，フィッシャーの分散比ともいわれる．
正規分布に従う2つの母集団が従う確率変数，$N(\mu_1, \sigma_1^2)$，$N(\mu_2, \sigma_1^2)$ を考える．この母集団からそれぞれ n_1，n_2 のサンプルを得て求めた不偏分散をそれぞれ V_1，V_2 として F を求める式は次の関係が成り立ち，F は自由度（ϕ_1，ϕ_2）の F 分布に従う．

$$F = \frac{x_1^2 / \phi_1}{x_2^2 / \phi_2} = \frac{V_1 / \sigma_1^2}{V_2 / \sigma_2^2}$$

F 分布は，$F\ (\phi_1, \phi_2)$ で表す．
ϕ_1：分子の自由度
ϕ_2：分母の自由度
確率を求める表は，p.283～285参照．

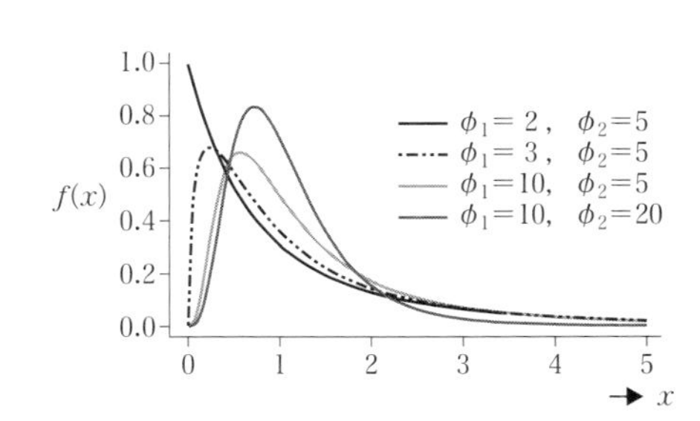

t 分布

読み　てぃーぶんぷ

英語　t-distribution

読み　ティー・ディストリビューション

要約　t 分布は，イギリスのウィリアム・シーリー・ゴセット（p.245参照）により1908年に導き出され，スチューデント（Student）というペンネームで論文を発表したので，「スチューデント（Student）の t 分布」と呼ばれることもある．$\phi=\infty$ で正規分布と同じ値となる．

$N(\mu, \sigma^2)$ に従う確率変数を X, σ^2 に対する自由度 ϕ の不偏分散を V とするとき，自由度 ϕ の t 分布に従う．

$$t=\frac{X-\mu}{\sqrt{V}}$$

t 分布は，t（ϕ）と表す．ϕ は自由度．

確率を求める表は，p.282参照．

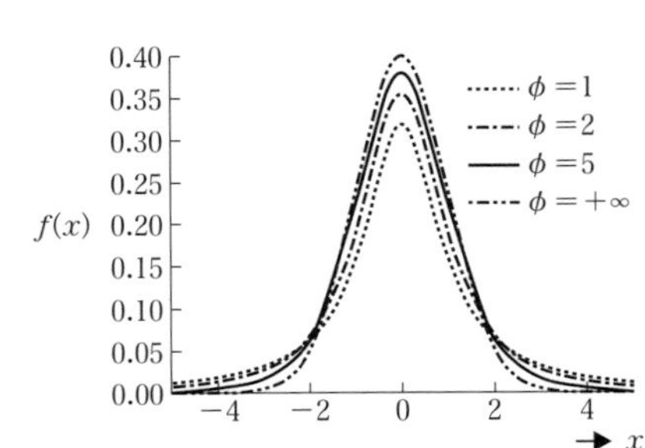

χ^2 分布

読み　かいじじょうぶんぷ

英語　χ^2-distribution，Chi-square distribution

読み　カイ・スクェア・ディストリビューション，チ・スクェア・ディストリビューション

要約　χ^2 分布は，ドイツのフリードリッヒ・ロバート・ヘルメルト（p.237参照）が発見し，1892年にイギリスのカール・ピアソン（p.240参照）が χ^2 検定を発表して統計学が広まった．

$N(\mu, \sigma^2)$ から得た n 個のサンプルの平方和 S，平均平方 V は，自由度 ϕ の χ^2 分布に従う．

$$\chi^2=\frac{S}{\sigma^2}=\frac{(n-1)V}{\sigma^2}$$

χ^2 分布は，χ^2（ϕ）と表す．ϕ は自由度．

確率を求める表は，p.281参照．

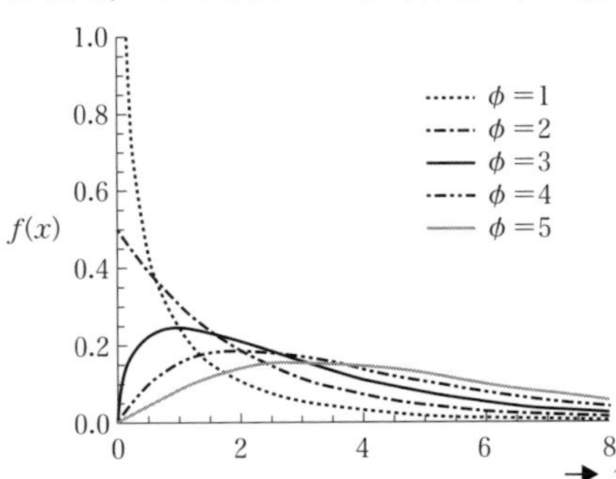

統計量の分布，標本分布

読み　とうけいりょうのぶんぷ，ひょうほんぶんぷ

英語　Sampling distribution, Statistic distribution

読み　サンプリング・ディストリビューション，スタティスティック・ディストリビューション

要約　統計量（母集団からサンプルを採ってそのサンプルのデータから計算して得た平均値，標準偏差など）の確率分布である．
例えば，正規母集団 $N\ (\mu, \sigma^2)$ から得た n 個のサンプルの平均値の分布は，
$N\left(\mu, \dfrac{\sigma^2}{n}\right)$ となる．

二次元分布，二次元確率分布，同時（確率）分布，結合（確率）分布）

読み　にじげんぶんぷ，にじげんかくりつぶんぷ，どうじ（かくりつ）ぶんぷ，けつごう（かくりつ）ぶんぷ

英語　Two-dimensional (probability) distributions,
Bivariate (probability) distribution, Joint (probability) distribution

読み　トゥー・ディメンショナル・（プロバビリティー・）ディストリビューションズ，
バイバリエイト・（プロバビリティー・）ディストリビューション，
ジョイント・（プロバビリティー・）ディストリビューション

要約　2つの確率変数（2変量）の組がしたがう2次元の確率分布のこと．この解析で使われる基本的な手法として散布図がある．

標準正規分布，規準正規分布

読み　ひょうじゅんせいきぶんぷ，きじゅんせいきぶんぷ

英語　Standard normal distribution

読み　スタンダード・ノーマル・ディストリビューション

要約　標準正規分布は，色々な正規分布を標準化（p.24参照）を行い変換した分布である．母平均 $\mu = 0$，母分散 $\sigma^2 = 1$ の正規分布 $N\ (0, 1^2)$ である．

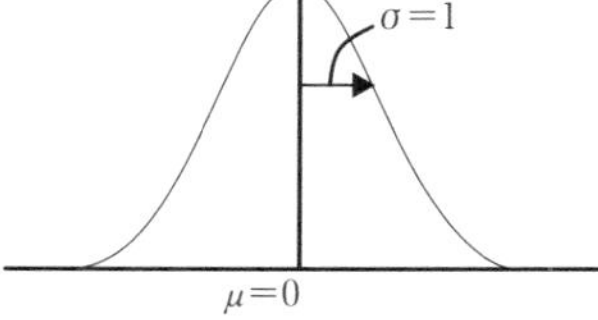

標準化，規準化

[読み] ひょうじゅんか，きじゅんか
[英語] Standardize, Standardizing, Normalize, Normalizing
[読み] スタンダーダイズ，スタンダーダイジング，ノーマライズ，ノーマライジング

[要約] $N(\mu, \sigma^2)$ の x の値を標準正規分布 $N(0, 1^2)$ に変換して平均値や標準偏差が異なる正規分布も，標準正規分布に変数変換して確率を求めることができる．
変数変換の式（標準化の式，規準化の式）は，$u = \dfrac{x - \mu}{\sigma}$ で，x の値が μ からどれだけ（標準偏差の何倍）離れているかを求める．

正規分布表（標準正規分布表）

[読み] せいきぶんぷひょう（ひょうじゅんせいきぶんぷひょう）
[英語] Standard normal distribution table,
Standard normal table, Unit normal table
[読み] スタンダード・ノーマル・ディストリビューション・テイブル，
スタンダード・ノーマル・テイブル，ユニット・ノーマル・テイブル

[要約] 標準正規分布の確率を全体を1として表した表である．
確率を求める表は，p.279参照．

正規母集団

[読み] せいきぼしゅうだん
[英語] Normal population
[読み] ノーマル・ポピュレーション

[要約] 母集団の分布が正規分布であるとき，正規母集団という．

無限母集団

読み　むげんぼしゅうだん

英語　Infinite population

読み　インフィニット・ポピュレーション

要約　調べたい対象の数が無限である母集団，無限の要素からなる母集団で，製造工程で生産される製品（無限に造ることが可能），繰り返し実験（無限に繰り返し可能）な場合の母集団.

有限母集団

読み　ゆうげんぼしゅうだん

英語　Finite population

読み　ファイナイト・ポピュレーション

要約　調べたい対象の数が有限である母集団，正確な単位数が不明であっても，それが有限であることが明らかな母集団は有限母集団である.

有限修正，有限母集団修正項

読み　ゆうげんしゅうせい，ゆうげんぼしゅうだんしゅうせいこう

英語　Finite correction, Finite population correction

読み　ファイナイト・コレクション，ファイナイト・ポピュレーション・コレクション

要約　大きさ N の有限母集団から n 個をサンプリングした時の分散の期待値は，$V(x)=\dfrac{N-n}{N-1}\cdot\dfrac{\sigma^2}{n}$ である.

この $(N-n)/(N-1)$ のことを有限修正（有限母集団修正項）という.

母集団の大きさが大きければ $N\to\infty$ 有限修正項は1となり無限母集団の場合と一致する.

正規近似

読み　せいききんじ

英語　Normal approximation

読み　ノーマル・アプロクシメーション

要約　二項分布，ポアソン分布などの値（確率変数）を変数変換（数値変換）して正規分布に近似すること．

母集団分布および統計量の分布の関係

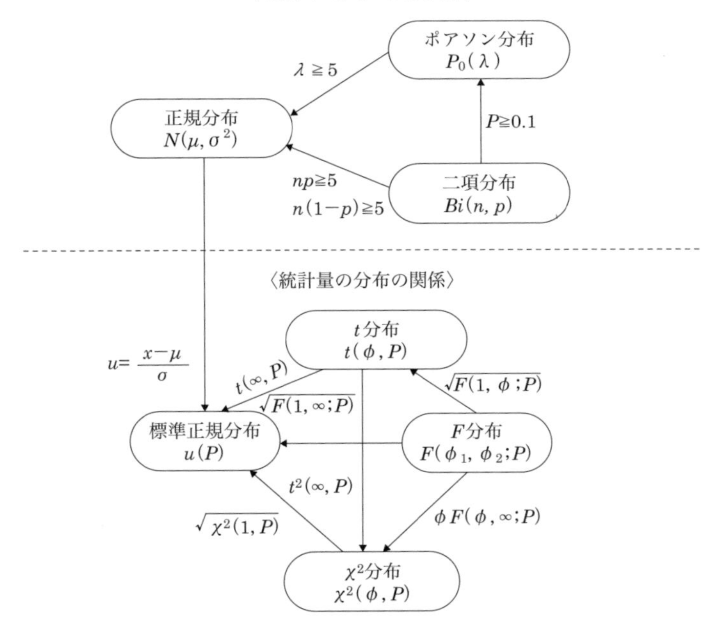

1－2　七つ道具（Q７，Ｎ７）

Ｑ７（QC 七つ道具）

読み　きゅうなな（きゅうしいななつどうぐ）
英語　Seven QC tools
読み　セブン・キューシー・トゥールズ

要約　特性要因図，パレート図，散布図，ヒストグラム，チェック・シート，グラフ，管理図の７つの手法のこと．
文献によってはこのうちグラフと管理図を１つとしてグラフ・管理図として層別を加えて７つ道具としていることもある．

層別

読み　そうべつ
英語　Stratification, Classification, Distribution, Grouping
読み　ストラティフィケーション，クラシフィケーション，ディストリビューション，グルーピング

要約　データのもつ特徴からいくつかのグループに分けることであり，一般に使われる分け方は，５Ｗ１Ｈ，５Ｍ１Ｅなどであるが，固有技術を活かすことが重要である．また，「**分けることは解ること**」といわれている．

特性要因図

読み　とくせいよういんず
英語　ISHIKAWA diagram, Fishbone diagram,
Cause & Effect diagram, Root cause analysis diagram
読み　イシカワ・ダイアグラム，フィシュボーン・ダイアグラム，
コーズ＆エフェクト・ダイアグラム，ルート・コーズ・アナリシス・ダイアグラム

要約　特性＝結果，要因＝原因としてこの因果関係を矢印を使って体系的に整理してつくる図であり，1952年に石川馨博士（p.246参照）が企業でQC指導されていたときに実用化されたのがはじまりである．

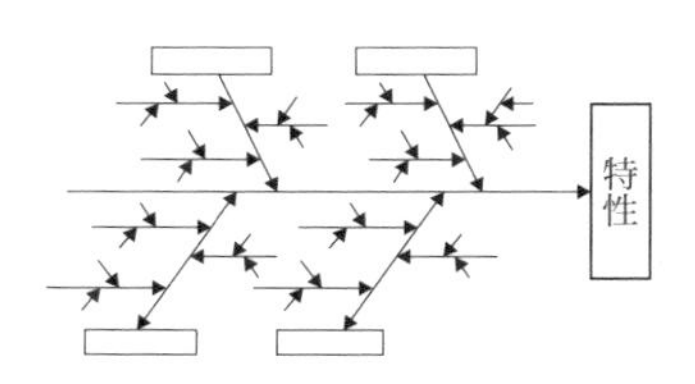

グラフ

読み　ぐらふ
英語　Graph, Chart
読み　グラフ，チャート

要約　データを図形に表して，数量の大きさを比較したり，数量の変化する状態をわかりやすくするためにつくる．

推移グラフ

読み　すいいぐらふ
英語　Transition chart
読み　トランジッション・チャート

要約　時間的変化や項目の推移をみる目的で作成されるグラフで，折れ線グラフが用いられる．また，占有率などの推移をみるときは帯グラフが適している．

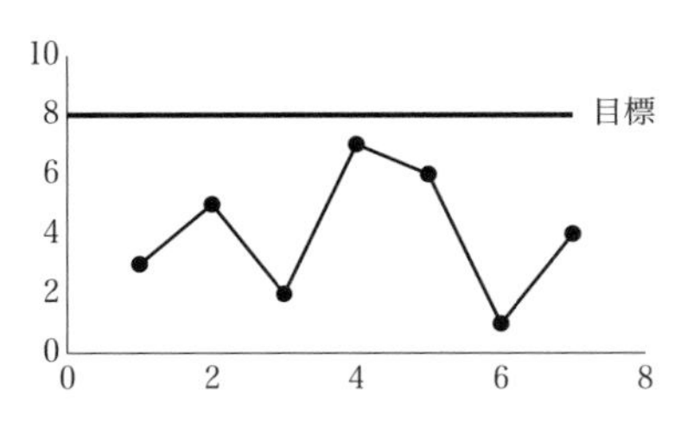

折れ線グラフ

読み　おれせんぐらふ
英語　Line chart
読み　ライン・チャート

要約　時間的変化や項目の推移をみる．目標値などを記入して管理する．

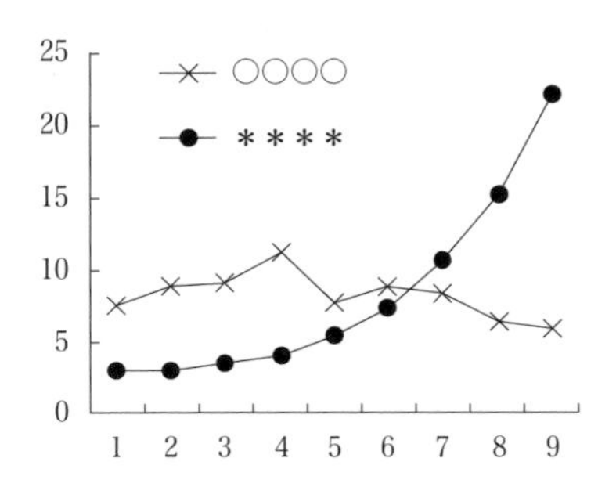

棒グラフ

読み　ぼうぐらふ
英語　Bar chart
読み　バー・チャート

要約　数量の大きさを比較する．ある時点における大きさの大小を比較したり，積み上げの棒グラフでは層別項目の比較もできる．

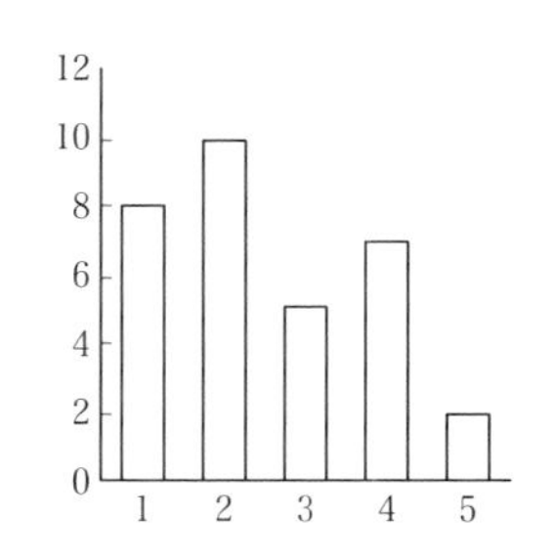

円グラフ

読み　えんぐらふ
英語　Circle chart, Pie chart
読み　サークル・チャート，パイ・チャート

要約　ある時点における内訳の割合を示す．全体の数量に対応して円の大きさを変えれば全体の比較とそれぞれの内訳の比較も同時にできる．

帯グラフ

読み　おびぐらふ
英語　Band chart, Stacking bar chart
読み　バンド・チャート，スタッキング・バー・チャート

要約　内訳の割合や割合時間的な変化，2つ以上の内訳の比較ができる．

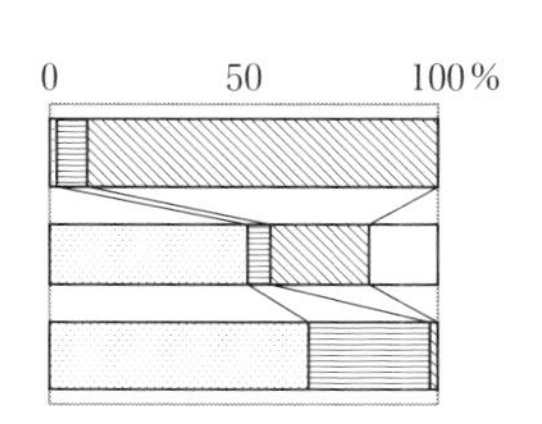

レーダーチャート，クモの巣グラフ

[読み] れーだーちゃーと，くものすぐらふ

[英語] Radar chart

[読み] レーダー・チャート

[要約] いくつかの項目について，全体としての水準や各項目ごとの水準をみたり，項目のバランスがとれているかどうかの比較ができる．

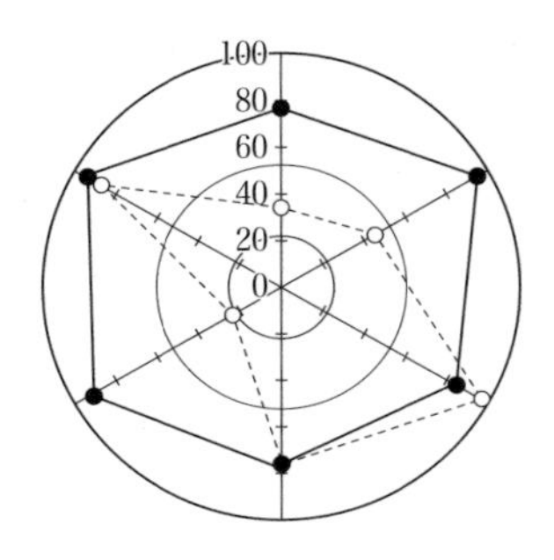

ガントチャート

[読み] がんとちゃーと

[英語] Gantt chart

[読み] ガント・チャート

[要約] 日程計画，進捗管理などに使われるグラフである．
ヘンリー・ローレンス・ガント（p.239参照）によって考案された．

	3月	4月	5月	6月	7月	8月
テーマ選定						
現状把握						
要因解析						
対策立案						
対策実施						

管理図

読み　かんりず

英語　Control chart, Shewhart control chart

読み　コントロール・チャート，シューハート・コントロール・チャート

要約　折れ線グラフに統計的に計算した管理限界線を引いて，工程などが安定状態か否かを判断し，統計的安定状態にしてその状態を維持管理するのに用いる手法．
シューハート（p.244参照）が考案者であるので，シューハート管理図とも呼ばれる．

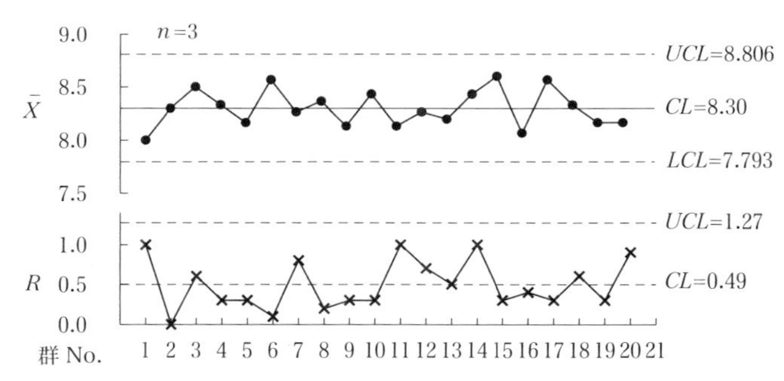

管理限界（CL，中心線）

読み　かんりげんかい（しいえる，ちゅうしんせん）

英語　CL (Central Line)

読み　セントラル・ライン

要約　管理図で統計的に求めて異常か否かの判定に用いる線で，平均値を中心線としている．

管理限界（LCL，下部管理限界，下側管理限界）

読み　かんりげんかい（えるしいえる，かぶかんりげんかい，したがわかんりげんかい）

英語　LCL (Lower control limit)

読み　ロウアー・コントロール・リミット

要約　管理図で統計的に求めて異常か否かの判定に用いる線で，3シグマ法の管理図では平均値から3シグマを引いた値の線をLCLとしている．

管理限界（UCL，上部管理限界，上側管理限界）

読み　かんりげんかい（ゆうしいえる，じょうぶかんりげんかい，うえがわかんりげんかい）

英語　UCL (Upper control limit)

読み　アッパー・コントロール・リミット

要約　管理図で統計的に求めて異常か否かの判定に用いる線で，3シグマ法の管理図では平均値に3シグマを加えた値の線をUCLとしている．

安定状態，統計的安定状態

読み　あんていじょうたい，とうけいてきあんていじょうたい

英語　Stable state, Stable, Statistically stable state

読み　ステイブル・ステイト，ステイブル，スタティスティカリー・ステイブル・ステイト

要約　解析用管理図で，管理限界外の点もなく，点の並び方のくせもない状態のことで，好ましい状態での安定状態と，好ましくない状態での安定状態もあり得る．

解析用管理図

読み　かいせきようかんりず

英語　Control chart for analysis

読み　コントロール・チャート・フォー・アナリシス

要約　工程などが安定状態か否かを判断するために用いる管理図でデータをとってそのデータで管理限界を求めて判定を行う．

管理用管理図

読み　かんりようかんいず

英語　Control chart for maintain, Maintain the stable state of control chart

読み　コントロール・チャート・フォー・メインテイン，
メインテイン・ザ・ステイブル・ステイト・オブ・コントロール・チャート

要約　解析用管理図で安定状態であると判断ができて，ヒストグラムで規格値と比較して工程能力も十分であると判断できたときに，その工程を維持管理するために用いる管理図で，解析用管理図で計算した管理線を延長して用い群毎にデータが得られたら打点をして判定をする．

群間変動

読み　ぐんかんへんどう

英語　Between subgroup variation, Variation between subgroup

読み　ビットウィーン・サブグループ・バリエーション，
バリエーション・ビットウィーン・サブグループ

要約　群と群との間の変動で，一日を群とした管理図の場合，日間変動であり，生産ロットを群とした管理図では，ロット間変動が群間変動である．
$\overline{X}-R$ 管理図の場合，$\overline{X}$ 管理図の点の動きが群間変動となる．

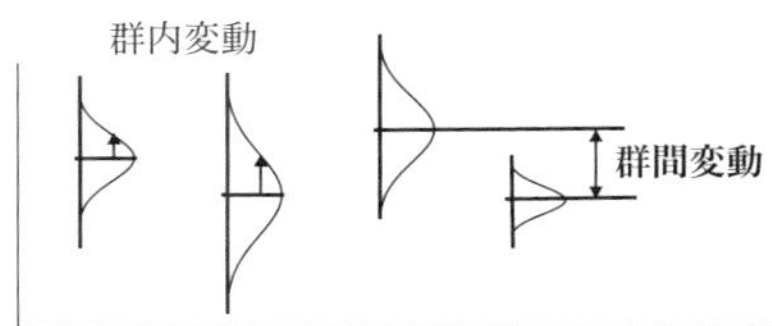

群内変動

読み　ぐんないへんどう

英語　Within subgroup variation, Variation within subgroup

読み　ウィズイン・サブグループ・バリエーション，バリエーション・ウィズイン・サブグループ

要約　群の中の変動であり，一日を群とした管理図の場合，一日内のばらつき，日内変動であり，生産ロットを群とした管理図では，ロット内のばらつき，ロット内変動が群内変動である．

$\overline{X}-R$ 管理図の場合，R 管理図の点の動きが群内変動となる．

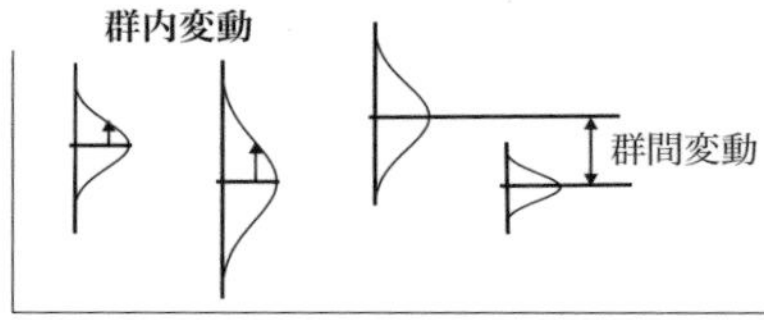

管理状態，統計的管理状態

読み　かんりじょうたい，とうけいてきかんりじょうたい

英語　Controlled state, Management state, Administrative state

読み　コントロールド・ステイト，マネジメント・ステイト，アドミニストレイティブ・ステイト

要約　プロセスが，管理図の解析で安定状態であり，かつ，規格に対して十分に満足できる（工程能力指数が十分）状況が，標準類などで保証できる状態のことである．

工程能力指数（C_p）

読み　こうていのうりょくしすう（しーぴー）

英語　C_p (Process capability)

読み　シーピー（プロセス・ケイパビリティー）

要約　工程（プロセス）の質的な能力を表す．要求事項に対してばらつきが小さい製品・サービスを提供することができる能力のことで，これを比率で表した数値指標を，工程能力指数と呼び記号 C_p で表される．

両側規格の場合

$$C_p = \frac{S_U - S_L}{6s}$$

片側規格の場合

$$C_p = \frac{S_U - \bar{x}}{3s} \qquad C_p = \frac{\bar{x} - S_L}{3s}$$

（規格上限 S_U:Upper specification limit，規格下限 S_L:Lower specification limit）

カタヨリを考慮した工程能力指数：C_{pk}

$$C_{pk} = \frac{|S_N - \bar{x}|}{3s}$$

（S_N：平均値に近い規格）

または

$$C_{pk} = (1-k)\,C_p$$

k：カタヨリ度　$k = \dfrac{|S_U + S_L - 2\bar{x}|}{S_U - S_L}$

工程能力指数からの工程能力の判断基準

工程能力指数	工程能力の判定	参考（不良が発生する確率）
$C_p > 1.67$	十分すぎる	0.00006 %　未満
$1.67 \geqq C_p > 1.33$	十分	0.00006 %　以上 0.00633 % 未満
$1.33 \geqq C_p > 1.00$	まずまず	0.00633 %　以上 0.26998 % 未満
$1.00 \geqq C_p > 0.67$	不足	0.26998 %　以上 4.55003 % 未満
$0.67 \geqq C_p$	非常に不足	4.55003 %　以上

例えば，規格値15±10（$S_U = 25$，$S_L = 5$）$\bar{x} = 10.3$，$s = 2.21$

$$C_p = \frac{S_U - S_L}{6s} = \frac{25-5}{6 \times 2.21} = 1.5083 \rightarrow 1.51 \Rightarrow 「十分」$$

$$C_{pk} = \frac{|5-10.3|}{3s} = \frac{5.3}{3 \times 2.21} = 0.7994 \rightarrow 0.80 \Rightarrow 「不足」$$

である．

本来，工程能力指数を求めるときは，管理図を用いて安定状態でなければならないのであるが，この前条件を考えず参考的に求められるこのことを踏まえて，下記がある．

工程が安定状態である　⇒　C_p/C_{pk}

工程が安定状態であるかどうか不明　⇒　P_p/P_{pk}

P_p/P_{pk} は，工程性能指数（Process performance index）という．

チェックシート

読み　ちぇっくしーと
英語　Check sheet
読み　チェック・シート

要約　データが簡単にチェックするだけで整理して集められる．
また点検確認がもれなく合理的にできる手法．

不適合品（不良）項目調査チェックシート

製品名：U-830　　工程：第１工場Aライン
チェック日 ○/○/○/　チェック者：品質 良い子

不良項目	チェック	小計
キズ	正一	6
汚れ	丅	2
変形	正	4
ワレ	下	3
カケ	一	1
変色		
その他	丅	2
合　計		18

ヒストグラム

読み　ひすとぐらむ
英語　Histogram
読み　ヒストグラム

要約　データのばらつく姿（分布の形）と中心位置，ばらつきの大きさを調べ規格値，目標値と比較する手法で，柱状図とも呼ばれる．

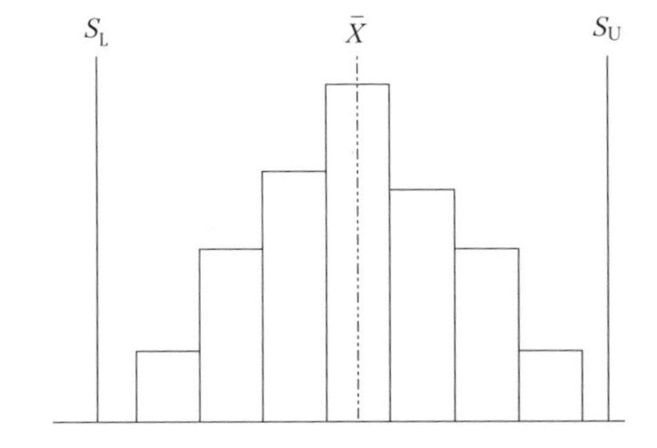

度数（出現度数）

読み　どすう（しゅつげんどすう）
英語　Frequency（Frequency of occurrence）
読み　フレクェンシー（フレクェンシー・オブ・オカランス）

要約　測定値などデータが存在する範囲をいくつかの区間（階級）に分け，各区間に属する（区間の中に入る）データの個数のこと．

度数表（度数分布表）

読み　どすうひょう（どすうぶんぷひょう）

英語　Frequency table（Frequency distribution table）

読み　フレクェンシー・テイブル（フレクェンシー・ディストリビューション・テイブル）

要約　度数を数えるいくつかの区間（階級）を大小の順に並べて表にして，データがどのように散らばっているかを示す表である．これをグラフ化したものがヒストグラムである．

No.	区間の境界値	中心値	チェック	度数
1	16.75～17.15	16.95	///	3
2	17.15～17.55	17.35	卌 //	7
3	17.55～17.95	17.75	卌 卌 卌	15
4	17.95～18.35	18.15	卌 卌 卌 卌	20
5	18.35～18.75	18.55	卌 卌 卌 卌 卌 //	27
6	18.75～19.15	18.95	卌 卌 ///	13
7	19.15～19.55	19.35	卌 ////	9
8	19.55～19.95	19.75	///	3
9	19.95～20.35	20.15	//	2
10	20.35～20.75	20.55	/	1
計	――――	――――	――――――――	100

散布図

読み　さんぷず

英語　Scatter plot graphs, Scattering diagram graphs

読み　スキャッター・プロット・グラフ，スキャッタリング・ダイアグラム・グラフス

要約　対になった2種類のデータの関係をグラフにしてその関係（因果関係）の有無，強弱を調べる手法である．この関係は相関関係とも呼ばれる．

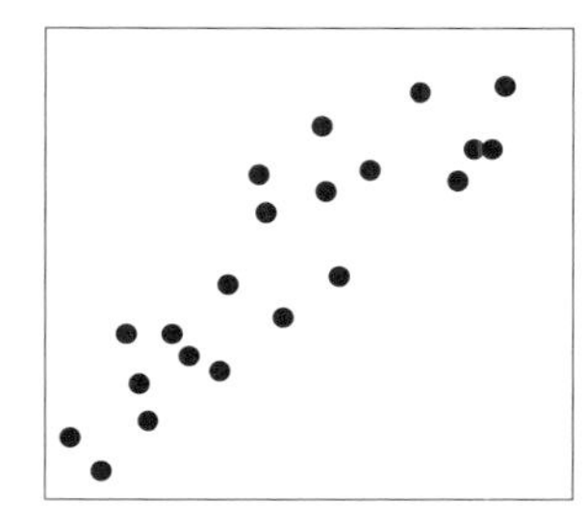

相関関係

読み　そうかんかんけい

英語　Correlation

読み　コラレーション

要約　2つのデータxとyで，xが増加するとyも増加する場合（右上がりのグラフ）を正の相関関係と呼び，xが増加するとyが減少する場合（右下がりのグラフ）を負の相関関係と呼び，その関係を示す直線に対して，点のちらばり具合が狭いと強い相関関係といい，幅広いちらばり具合を弱い相関関係という．

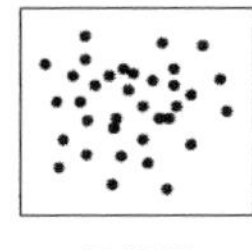

無相関　負の相関

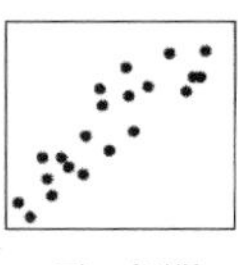

正の相関

無相関

読み　むそうかん

英語　No correlation, Correlation absence

読み　ノー・コラレーション，コラレーション・アブセンス

要約　2つのデータxとyで，xが増加してもyは増加しているとも減少しているともいえない場合，点は全体にちらばって傾向が見えない場合を無相関と呼ぶ．

母相関係数

読み　ぼそうかんけいすう

英語　Population correlation coefficient

読み　ポピュレーション・コラレーション・コイフィシエント）

要約　母集団の相関係数で記号ρで表す．
このρの値は，次の試料相関係数の値から推定される．
$\hat{\rho}=r$である．

相関係数（試料相関係数）（標本相関係数）（ピアソンの積率相関係数）（ピアソン相関係数）

読み　そうかんけいすう（しりょうそうかんけいすう）（ひょうほんそうかんけいすう）（ぴあそんのせきりつそうかんけいすう）（ぴあそんそうかんけいすう）

英語　Correlation coefficient（Sample correlation coefficient）
(Pearson's Moment correlation coefficient)
(Pearson correlation coefficient)

読み　コラレーション・コイフィシエント（サンプル・コラレーション・コイフィシエント）
（ピアソン・モーメント・コラレーション・コイフィシエント）
（ピアソン・コラレーション・コイフィシエント）

要約　相関関係を示す値は，記号 r で表され，$-1 > r > +1$ である．$r = 0$ は相関関係がなく無相関という．そして，数値が1に近づくに従って相関関係があるといい，点の散らばり具合が数値の大小で表され，記号により負の相関とか正の相関と呼ぶ．

$$r = \frac{S(_{xy})}{\sqrt{S(_{xx})S(_{yy})}} \qquad S(_{xx}) = \sum(x-\bar{x})^2 \qquad S(_{yy}) = \sum(y-\bar{y})^2$$

$$S(_{xy}) = \sum(x-\bar{x})(y-\bar{y})$$

S（$_{xx}$）：x の偏差平方和
S（$_{yy}$）：y の偏差平方和
S（$_{xy}$）：x と y の偏差積和
偏差平方和は，p.270参照．

共分散

読み　きょうぶんさん

英語　Covariance

読み　コベリアンス

要約　共分散は，2種類のデータの関係を示す指標で，2つの変数の偏差の積の平均が共分散である．

$$\mathrm{Cov}(X, Y) = E[\{X - E(x)\}\{Y - E(Y)\}] \Rightarrow S_{xy} = \frac{\sum(x-\bar{x})(y-\bar{y})}{n}$$

相関分析

読み　そうかんぶんせき

英語　Correlation analysis

読み　コラレーション・アナリシス

要約　対応のあるデータの関連性の強さの程度を解析する手法で，符合検定（簡易検定）による大波の検定（大波の相関検定），小波の検定（小波の相関検定），無相関の検定・推定などがある．

符号検定（簡易検定）

読み　ふごうけんてい（かんいけんてい）

英語　Sign test, Simple test

読み　サイン・テスト，シンプル・テスト

要約　符合＋，－の数により50：50の確率であるかどうかを簡易に行う検定で，符号検定または，簡易検定と呼ばれ，相関の検定，母平均の差の検定などに用いられる．相関の符合検定は，散布図を横軸，縦軸，それぞれをメディアン線で区切って分けた象限の点を数えて検定すること．

〈事例〉

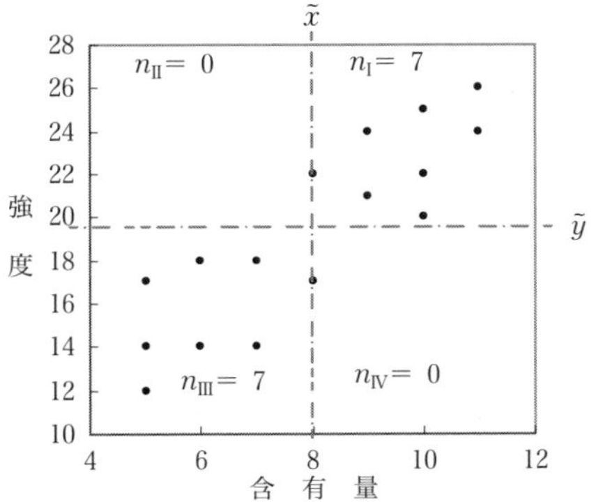

$n_{\mathrm{II}} = 0$　$n_{\mathrm{I}} = 7$　$n_{\mathrm{III}} = 7$　$n_{\mathrm{IV}} = 0$

$\tilde{x}$　$\tilde{y}$

強度　含有量

$$n_{+} = n_{\mathrm{I}} + n_{\mathrm{III}} = 7 + 7 = 14$$

$$n_{-} = n_{\mathrm{II}} + n_{\mathrm{IV}} = 0 + 0 = 0$$

$$N = n_{+} + n_{-} = 14 + 0 = 14$$

n_{+}とn_{-}の小さい方の数（$n_{-} = 0$）は，符号検定表（p.280参照）の判定数（$N = 14$）より小さいので判定に用いた数の有意水準で有意であると判断できる．

すなわち含有量と強度には相関関係があるといえる．

大波の相関（大波の相関検定）（メディアン法）

読み　おおなみのそうかん（おおなみのそうかんけんてい）（めでぃあんほう）

英語　Median test, Sign test, Correlation between high-wave data, Correlation between two sets of highwave data

読み　メディアン・テスト，サイン・テスト，コラレーション・ビットイーン・ハイ・ウエイブ・データ，コラレーション・ビトゥイーン・ツー・セッツ・オブ・ハイ・ウエイブ・データ

要約　2つの変数（xとy）それぞれの折れ線グラフを用いてそれぞれにメディアン線を引く，メディアン線の上側にある点を＋，下側にある点を－，メディアン線上の点を0とする．
この記号を用いて$x \times y$の積（同符号であれば＋，異符号であれば－，0があれば0）を求めて，この積の記号の＋と－の数を用いて符合検定で有意になった場合に大波の相関があるという（符合検定は，p.40参照）．

〈事例〉

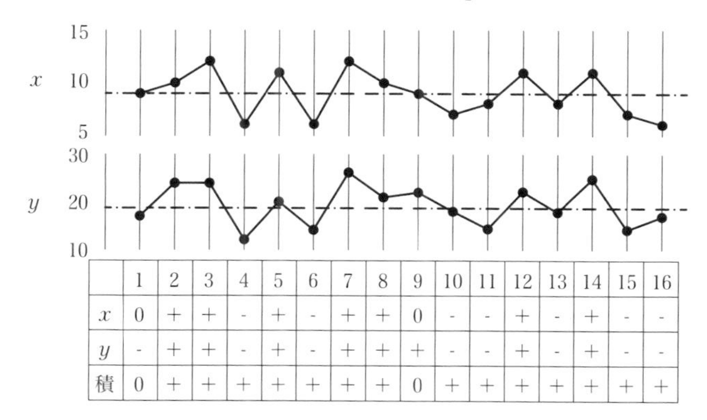

	1	2	3	4	5	6	7	8	9	10	11	12	13	14	15	16
x	0	+	+	-	+	-	+	+	0	-	-	+	-	+	-	-
y	-	+	+	-	+	-	+	+	+	-	-	+	-	+	-	-
積	0	+	+	+	+	+	+	+	0	+	+	+	+	+	+	+

積のそれぞれの合計を求める
$n_+ = 14$，$n_- = 0$，$N = n_+ + n_- = 14 + 0 = 14$
$N = 14$の符号検査表（p.280参照）より有意である。

小波の相関（小波の相関検定）（線分法）

読み　こなみのそうかん（こなみのそうかんけんてい）（せんぶんほう）

英語　Correlation sign test, Correlation between low wave-data,
Correlation between two sets of low wave-data,
Two-sided sign test for matched pairs

読み　コラレーション・サイン・テスト，コラレーション・ビットイーン・ロー・ウエイブ・データ，
コラレーション・ビットイーン・ツー・セット・ロー・ウエイブ・データ，
ツー・サイディド・サイン・テスト・フォアー・マッチド・ペアーズ

要約　2つの変数（x と y）それぞれの折れ線グラフを用いてそれぞれのグラフで直前の値と比較して大きければ＋，小さければ－，同じ値であれば0とする．
この記号を用いて $x \times y$ の積（同符号であれば＋，異符号であれば－，0があれば0）を求めてこの積の記号の＋と－の数を用いて符合検定で有意になった場合に小波の相関があるという（符合検定は，p.40参照）．

〈事例〉

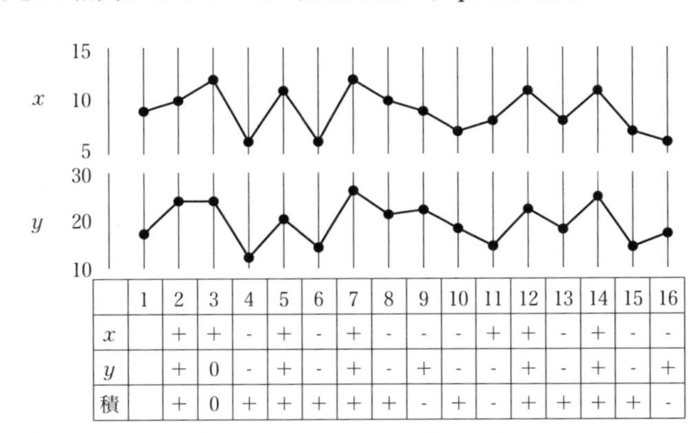

	1	2	3	4	5	6	7	8	9	10	11	12	13	14	15	16
x		+	+	-	+	-	+	-	-	-	+	+	-	+	-	-
y		+	0	-	+	-	+	-	+	-	-	+	-	+	-	+
積		+	0	+	+	+	+	+	-	+	-	+	+	+	+	-

$n_+ = 11$　$n_- = 3$　$N = n_+ + n_- = 11 + 3 = 14$
$N = 14$の符合検定表（p.280参照）より有意とはならない．

系列相関（自己相関）

読み　けいれつそうかん（じこそうかん）

英語　Serial correlation（Autocorrelation）

読み　シリアル・コラレーション（オートコラレーション）

要約　ある変数の系列中において，個々の変数値が一定間隔を置いて相互に関連をもつこと．
自己相関は，残差（誤差）項に系統的な関係が存在しないかどうかの検討で用いられる．

パレート図

読み　ぱれーとず
英語　Pareto diagram
読み　パレート・ダイアグラム

要約　データを現象別，原因別に分類して２～３項目に絞り込む（重点指向する）ための手法である．ヴィルフレド・パレート（p.243参照）がパレートの法則を明らかにし，ジョセフ・モーゼス・ジュラン（p.239参照）が品質管理で応用できるとして広めた．

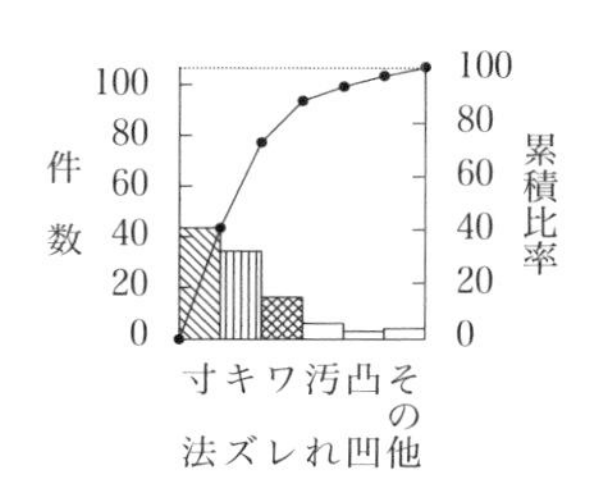

パレートの原理（２－8, 20－80），パレートの法則

読み　ぱれーとのげんり，ぱれーとのほうそく
英語　Pareto principle
読み　パレート・プリンシプル

要約　２割の高額所得者のもとに社会全体の８割の富が集中し，残りの２割の富が８割の低所得者に配分されるという所得分布の不均衡のこと．
これを品質管理では，問題の大部分は分類した２～３項目で占められることが多いことから，問題を効率的に解決するために２～３項目に絞って重点指向していることである．

N７（新 QC 七つ道具）

読み　えぬなな（しんきゅうしいななつどうぐ）
英語　N７（Seven management tools for QC）
読み　エヌナナ（セブン・マネジメント・トゥールズ・フォァー・キューシー）

要約　日本の TQC を推進していくうえで管理者・スタッフが活用できる新しい QC 手法の開発が望まれ関西地区の講師団「1972から1977：QC 手法開発部会」の研究成果として発表されたもので，各種研究論文をはじめとして OR（p.139参照），VE（p.144参照）など各種管理技法などから TQC（TQM）の推進過程で有効であろうと考えられる手法探索と検討を積み重ね，次の７つの手法が提唱された．
「PDPC 法」，「アロー・ダイヤグラム法」，「マトリックス・データ解析法」，「マトリックス図法」，「新和図法」，「系統図法」，「連関図法」の７つである．

N 7（PDPC 法，過程決定計画図，重大事故予測図法）

読み　えぬなな（ぴぃでぃぴぃしぃほう，かていけっていけいかくず，じゅうだいじこよそくずほう）
英語　PDPC method（Process decision program chart method）
読み　ピーディーピーシーメソッド（プロセス・ディシジョン・プログラム・チャート・メソッド）

要約　事態の進展とともに，いろいろな結果が想定される問題について，望ましい結果に至るプロセスを定める方法.
PDPC 法は，OR で用いられる問題解決の手法の 1 つである過程決定計画図（Process Decision Program Chart）を新 QC 七つ道具で適用したものである.

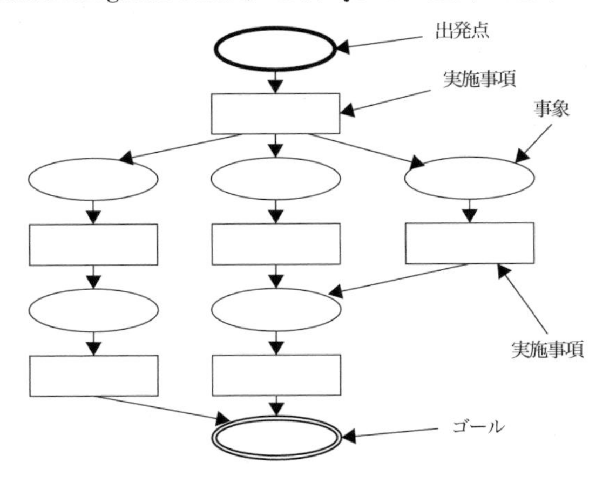

N 7（アロー・ダイアグラム法）

読み　えぬなな（あろーだいあぐらむほう）
英語　Arrow diagram method
読み　アロー・ダイアグラム・メソッド

要約　最適の日程計画をたて，効率よく進捗を管理する方法.
パート（PERT:Program Evaluation and Review Technique）ともいわれる.

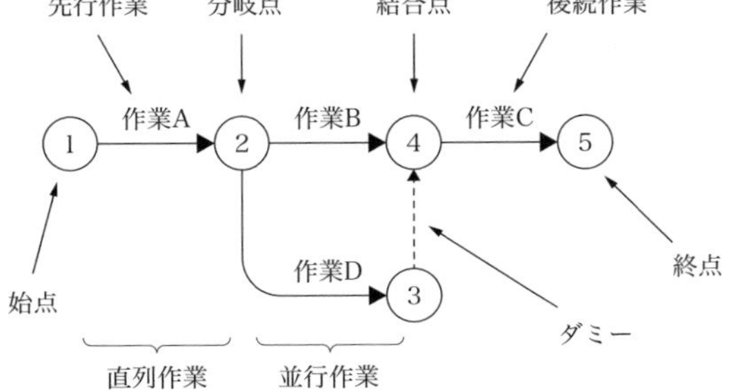

クリチカルパス

読み　くりちかるぱす

英語　Critical path

読み　クリティカル・パス

要約　アロー・ダイヤグラム法で，余裕日数が0の作業をクリチカル作業といい，クリチカル作業によってできる経路ををクリチカルパスという．最長経路，臨界路ともいわれる．
この経路を短縮しない限りは他の経路を短縮しても全体を短縮できないので，この経路の短縮する管理を行う．

N7（マトリックス・データ解析法）

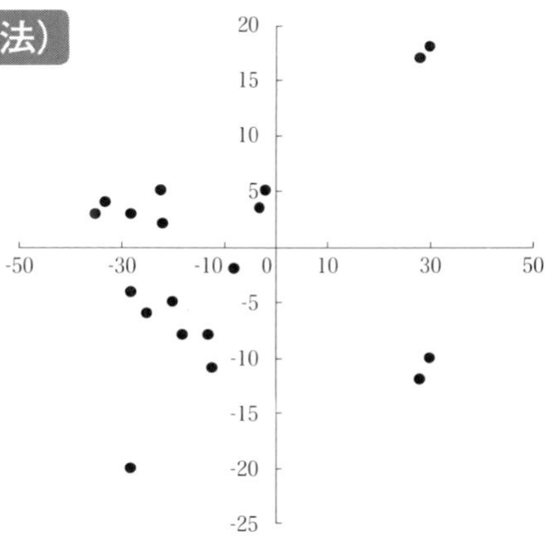

読み　えぬなな（まとりっくす・でーたかいせきほう）

英語　Matrix-data analysis method

読み　マトリックス・データ・アナリシス・メソッド

要約　複雑に絡み合った問題の構造を解明するため，変数間の相関関係をてがかりに少数個の変数をみつけ，個体間の違いを明確に要約する手法で，多変量解析法の主成分分析である．

N7（マトリックス図法）

読み　えぬなな（まとりっくすずほう）

英語　Matrix diagram method

読み　マトリックス・ダイアグラム・メソッド

要約　行と列に要素を配置して，それぞれの交点に着眼し，多元的に問題点を明確にする方法．
この要素の配置の違いによる図の形が分類されて，L型，T型，Y型などがある．

A＼B	b_1	b_2	b_3	b_4
a_1	○			○
a_2			○	
a_3		◎		
a_4			○	

N 7（親和図法）

読み　えぬなな（しんわずほう）

英語　Affinity diagram method

読み　アフィニティー・ダイアグラム・メソッド

要約　混沌とした状態の中から収集した言語データを相互の親和性によって統合し，解決すべき問題を明確にする方法．

この発想法は，川喜田二郎博士（p.247参照）が開発された KJ 法を「QC 手法開発部会」が TQC の問題解決の手法として有用であることから，親和図法として新 QC 七つ道具の中に取り入れられた．

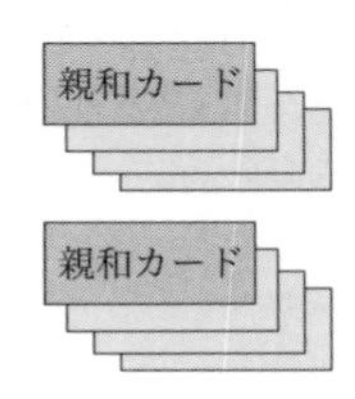

N 7（系統図法）

読み　えぬなな（けいとうずほう）

英語　Tree diagram method

読み　トゥリー・ダイアグラム・メソッド

要約　目的を果たす最適手段を系統的に追求する方法．

系統図法は，樹木状に枝分かれさせて表したもので樹形図ともいわれ，家系図や組織図などによく用いられているものと同様の図であり，VE（Value Engineering）で用いる機能分析，信頼性手法の FTA（Fault Tree Analysis）なども同様の図を用いている．

VE は，p.144，FTA は，p.116を参照．

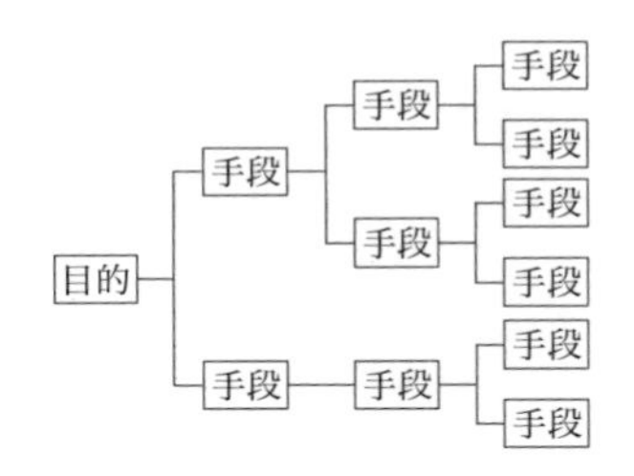

N 7（連関図法）

読み　えぬなな（れんかんずほう）

英語　Relation diagram method

読み　リレーション・ダイアグラム・メソッド

要約　複雑な要因のからみ合う問題（事象）について，その因果関係を明らかにして，適切な解決策を見出す方法．

連関図は，千住鎮雄博士（p.247参照）が経済分析の手法として考案された「管理指標間の連関分析の説明図」を問題解決図法に発展させて，新 QC 七つ道具の中に取り入れられた．

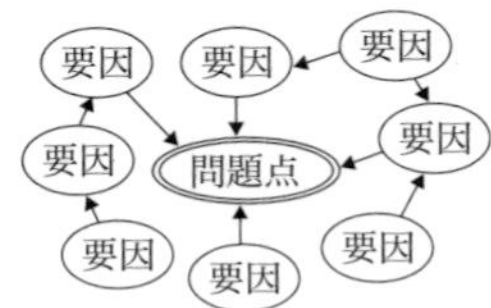

QFD（品質機能展開）

読み　きゅうえふでぃ（ひんしつきのうてんかい）

英語　QFD（Quality function deployment）

読み　キュウエフディー（クォリティー・ファンクション・ディプロイメント）

要約　製品に対する品質目標を実現するために様々な変換及び展開を用いる方法論で，QFD と略記することがある．

品質表

読み　ひんしつひょう

英語　Quality table, Matrix table of customer needs,
Request and quality characteristics

読み　クォリティー・テーブル，マトリックス・テーブル・オブ・カスタマー・ニーズ，
リクエスト・アンド・クォリティ・キャラクタリスティックス

要約　要求品質展開表と品質特性展開表との２元表によって，企画品質を設定して重点を置くべき要求品質を定め，これを実現するための品質特性を明確にし，製品設計をするための２元表である．これに，企画品質設定表，設計品質設定表，品質特性関連分析を付加したものも品質表と呼ぶ．

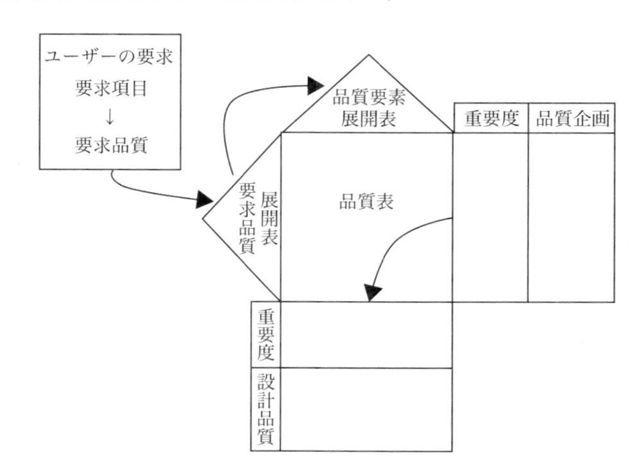

1－3　検定・推定，実験計画，回帰分析

仮説

[読み] かせつ
[英語] Hypothesis
[読み] ハイポセシス

[要約]　事象，法則，理論を説明するために仮に設定する説のこと．
仮説検定では，帰無仮説と対立仮説が用いられる．

検定，仮説検定，統計的仮説検定

[読み] けんてい，かせつけんてい，とうけいてきかせつけんてい
[英語] Test，Hypothesis testing，Hypothesis test，Test of hypothesis，Statistical hypothesis testing，
[読み] テスト，ハイポセシス・テスティング，ハイポセシス・テスト，テスト・オブ・ハイポセシス，スタティスティカル・ハイポセシス・テスティング

[要約]　仮説が正しいかどうかその妥当性をデータから得た結果を統計的な処理をして結論を出すこと．
代表的な検定として，平均値の検定では t 検定，ばらつきの検定では，χ^2，F 検定である．
検定の選定のためのフローチャートはp.277を，対立仮説，棄却域，検定統計量の表は，p.278を参照．

帰無仮説，ゼロ仮説

[読み] きむかせつ，ぜろかせつ
[英語] Null hypothesis
[読み] ヌル・ハイポセシス

[要約]　「差がない」「効果がない」といった仮説で記号 H_0 で表し，ゼロ仮説ともいわれている．字の如く帰ることのない仮説，帰したくない仮説 Null（空白，零，無効，無価値）である．
例：$H_0：\mu_1 = \mu_2$

対立仮説

読み　たいりつかせつ

英語　Alternative hypothesis, Maintained hypothesis, Research hypothesis

読み　オルタネイティブ・ハイポセシス，メインテインド・ハイポセシス，リサーチ・ハイポセシス

要約　「証明したいこと」，「主張したいこと」で「差がある」，「効果がある」などの仮説が用いられ，仮説検定において，帰無仮説を棄却した時に採択し結論付ける仮説である．記号 H_1 で表す．

例：$H_1 : \mu_1 \neq \mu_2$　（両側仮説）

$$\left.\begin{array}{l} H_1 : \mu_1 > \mu_2 \\ H_1 : \mu_1 < \mu_2 \end{array}\right\}\text{（片側仮説）}$$

片側仮説

読み　かたがわかせつ

英語　One-tailed hypothesis

読み　ワン・テイルド・ハイポセシス

要約　対立仮説で，「大きい」とか「小さい」とか分布の片側だけの仮説のこと．

例：$H_1 : \mu_1 > \mu_2$　$H_1 : \mu_1 < \mu_2$

片側検定

読み　かたがわけんてい

英語　One-tailed test

読み　ワン・テイルド・テスト

要約　対立仮説に片側仮説を用いる検定のこと．

例：$H_0 : \mu_1 = \mu_2$　→（μ_1 と μ_2 は同じであるという帰無仮説）

$H_1 : \mu_1 > \mu_2$　→（μ_1 は μ_2 より大きいという対立仮説）

上記2つの仮説を設定し，この仮説の母集団に応じた分布を用いて統計的に立証すること．

両側仮説

読み　りょうがわかせつ
英語　Two-tailed hypothesis
読み　トゥー・テイルド・ハイポセシス

要約　対立仮説で，「大きい」または「小さい」とか，「異なる」といった分布の両側に対する仮説のこと．
例：H_1：$\mu_1 \neq \mu_2$

両側検定

読み　りょうがわけんてい
英語　Two-tailed test
読み　トゥー・テイルド・テスト

要約　対立仮説に両側仮説を用いる検定のこと．
例：H_0：$\mu_1 = \mu_2$　→（μ_1とμ_2は同じであるという帰無仮説）
　　H_1：$\mu_1 \neq \mu_2$　→（μ_1とμ_2は異なるという対立仮説）
　　上記2つの仮説を設定し，この仮説の母集団に応じた分布を用いて統計的に立証すること．

検定統計量

読み　けんていとうけいりょう
英語　Test statistic
読み　テスト・スタティスティック

要約　検定（統計的仮説検定）を行うために，母集団からサンプルを採ってそのサンプルのデータから計算して求めて検定に用いる統計量（検定統計量）．
u_0, t_0, χ_0^2, F_0などである．
各検定統計量は，p.278参照．

有意水準

読み　ゆういすいじゅん

英語　Significance level, Level of significance

読み　シグニフィカンス・レベル，レベル・オブ・シグニフィカンス

要約　帰無仮説 H_0 が成り立っているにもかかわらず，これを棄却する誤り．
言いかえれば，帰無仮説 H_0 が真実であるのに，誤って H_1 であると判定してしまう確率で，有意水準とか危険率，また，あわてものの誤りとも呼ばれる．
一般に記号 α を用い，5％が用いられる．

採択域

読み　さいたくいき

英語　Acceptance region

読み　アクセプタンス・リージョン

要約　帰無仮説を棄却しない検定統計量の範囲．
帰無仮説の基にした確率分布で全体から棄却域を除いた検定統計量の範囲．

棄却域

読み　ききゃくいき

英語　Critical region

読み　クリティカル・リージョン

要約　帰無仮説を基にした確率分布で，非常に生じにくい確率（有意水準）でしか生じない検定統計量の値の範囲．

P 値，有意確率，限界水準

読み　ぴーち，ゆういかくりつ，げんかいすいじゅん

英語　P value, Probability value

読み　ピー・バリュー，プロバビリティー・バリュー

要約　帰無仮説が正しいという仮定のもとで，サンプルから計算した検定統計量以上の値が得られる確率．

χ^2 検定

読み　かいじじょうけんてい

英語　χ^2-test, Chi-squared test, Chi-square test

読み　カイ・スクェアド・テスト，カイ・スクェアド・テスト，カイ・スクェア・テスト

要約　統計量が χ^2 分布に従うときに用いる検定で，分散の検定，適合度検定，独立性の検定に用いられる．

例：新規測定装置のばらつき（母分散 σ^2 が）基準値（母分散 σ_0^2）と異なるか？
を調べたいとき

$$H_0 : \sigma^2 = \sigma_0^2$$
$$H_1 : \sigma^2 \neq \sigma_0^2$$

の仮説を用いて χ^2 検定を行う．

棄却域，検定統計量は，p.278参照．

F 検定 / 等分散性の検定

読み　えふけんてい，とうぶんさんせいのけんてい

英語　F-Test，Test for homogeneity of variance

読み　エフ・テスト，テスト・フォー・ホモジェニティ・オブ・バリアンス

要約　統計量が F 分布に従うときに用いる検定で，分散の比の検定に用いられる．

例：２種類の機械のばらつきが異なるかを調べたいとき

$$H_0 : \sigma_{\mathrm{A}}^2 = \sigma_{\mathrm{B}}^2$$
$$H_1 : \sigma_{\mathrm{A}}^2 \neq \sigma_{\mathrm{B}}^2$$

の仮説を用いて F 検定を行う．

棄却域，検定統計量は，p.278参照．

u 検定

読み　ゆうけんてい
英語　u-test
読み　ユー・テスト

要約　統計量が正規分布に従うときに用いる検定で，平均値の検定に用いられる．
例：母分散 σ^2（ばらつき）が既知で正規分布している母集団（長期にわたって管理状態である工程）においてその平均値が基準値と異なるか？を調べたいとき

H_0 ： $\mu^2 = \mu_0^2$
H_1 ： $\mu^2 \neq \mu_0^2$

の仮説を用いて u 検定を行う．
棄却域，検定統計量は，p.278参照．

t 検定

読み　てぃけんてい
英語　t-test
読み　ティー・テスト

要約　統計量が t 分布に従うときに用いる検定で，平均値の検定に用いられる．スチューデントの t 検定とも呼ぶ．
例：２つの母集団の平均値が異なるかを調べたいとき

H_0 ： $\mu_A^2 = \mu_B^2$
H_1 ： $\mu_A^2 \neq \mu_B^2$

の仮説を用いて t 検定を行う．
棄却域，検定統計量は，p.278参照．

ウエルチの t 検定

読み　うえるちのてぃーけんてい
英語　Welch's t-test
読み　ウェルチズ・ティー・テスト

要約　t 検定では，ばらつきが大きく異なるとき，サンプル数が大きく異なる時に検出力に影響が大きいのでこれを補正した方法である．ばらつき，サンプル数のどちらかが２倍以上であれば t 検定よりウエルチの検定を用いられることが多い．ウエルチは，p.245参照．
検定の対立仮説，棄却域，検定統計量は，p.278参照．

サタースウェイトの方法（式）

読み　さたーすうぇいとのほうほう（しき）

英語　Welch-Satterthwaite equation

読み　ウェルチ・サタースウェイト・イクェーション

要約　$\dfrac{V_1}{n_1}+\dfrac{V_2}{n_2}$の分布を近似する$\chi^2$分布の自由度が$\phi^*$〈等価自由度（p.61参照）〉を求める式．（サタースウェイトは，p.242参照）

$$\frac{\dfrac{V_1}{n_1}+\dfrac{V_2}{n_2}}{\phi^*}=\frac{\left(\dfrac{V_1}{n_1}\right)^2}{\phi_1}+\frac{\left(\dfrac{V_2}{n_2}\right)^2}{\phi_2}$$

検出力

読み　けんしゅつりょく

英語　Power of test

読み　パワー・オブ・テスト

要約　検定では，対立仮説H_1が正しいとき，それを検出できることが重要である．この確率は（$1-\beta$）であり検出力という．

検定結果＼真の値		H_0が真実	H_1が真実
H_1を棄却（H_0を採択）（H_0を棄却できなかった）	H_0	正しい判定（$1-\alpha$）	第2種の誤り（β）：一般には不明
H_0を棄却（H_1を採択）	H_1	第1種の誤り（α）：$\alpha=5\%$	正しい判定（$1-\beta$）：検出力

（一般に$\alpha=5\%$または$\alpha=1\%$を用いる）

推定

読み　すいてい

英語　Estimation

読み　エスティメーション

要約　母集団からサンプルを採って母集団の情報（母平均，母標準偏差など）を統計的に推測することである．推定には，点推定と区間推定がある．

推定量

読み　すいていりょう
英語　Estimator, Estimation amount
読み　エスティメター，エスティメーション・アマウント

要約　推定するために計算した統計量を推定量と呼ぶ．
推定量には，点推定量，区間推定量がある．
推定量を求める式を推定式という．（p.278参照）

推定精度

読み　すいていせいど
英語　Estimation accuracy
読み　エスティメーション・アキュラシー

要約　推定量のばらつきを推定精度という．

推定値

読み　すいていち
英語　Estimated value
読み　エスティメーティッド・バリュー

要約　データから点推定量を計算した数値のこと．

点推定

[読み] てんすいてい
[英語] Point estimation
[読み] ポイント・エスティメーション

[要約] 母集団からサンプルを採って母集団の情報（母平均，母標準偏差など）を統計的に1つの値で推測することであり，点推定値を求めること．

区間推定

[読み] くかんすいてい
[英語] Interval estimation
[読み] インターバル・エスティメーション

[要約] 母集団からサンプルを採って母集団の情報（母平均，母標準偏差など）を統計的に信頼率を定めてその範囲（区間）を推測することである．一般的に信頼率は，90 %，95 %が用いられる．

不偏推定量

[読み] ふへんすいていりょう
[英語] Unbiased estimator
[読み] アンバイアスト・エスティメーター

[要約] 推定量の期待値が目的とする母数に一致するときの推定量のこと．

最良不偏推定量

読み　さいりょうふへんすいていりょう

英語　Best unbiased estimator

読み　ベスト・アンバイアスト・エスティメーター

要約　不偏推定量のうち，ばらつきがもっとも小さいものを最良不偏推定量という．

フィッシャーの3原則（反復の原理）

読み　ふぃっしゃーのさんげんそく（はんぷくのげんり）

英語　Replications

読み　リプリケーションズ

要約　同じ処理の実験を同じ実験の場（同一条件）で反復することによって，誤差分散σ_2の評価を可能にする．データ数を多くすれば精度と感度がよくなり，信頼性が増す．そして，実験結果のばらつきが偶然誤差によるばらつきなのか，あるいは処理の違いによって生じるのかを評価できるようになる．

フィッシャーの3原則（無作為化の原理）

読み　ふぃっしゃーのさんげんそく（むさくいかのげんり）

英語　Randomization

読み　ランダミゼーション

要約　実験の場に対する処理の割付けを無作為に行うことによって，系統誤差を偶然誤差に転化し，データに伴う誤差を，確率変数として扱うことができるようになる．これを無作為化の原理という．

フィッシャーの3原則（局所管理の原理）

読み ふぃっしゃーのさんげんそく（きょくしょかんりのげんり）

英語 Local control

読み ローカル・コントロール

要約 実験の場をいくつかの部分に分けてブロック（Block）と呼び，ブロック内で各処理を配置する（割付ける）場をプロット（Plot）と呼ぶ．ブロック間には系統的な差があってもよいが，ブロック内の偶然誤差を小さくできれば精度のよい実験となる．

実験の場を適当なブロック因子により層別することによって，処理効果の比較の精度が向上する．これを小分けの原理または局所管理の原理といい，乱塊法（p.73参照）の基礎となっている．

誤差に対する4つの仮定（独立性）

読み ごさにたいするよっつのかてい（どくりつせい）

英語 Independence, Statistical independence

読み インディペンデンス，スタティスティカル・インディペンデンス

要約 誤差は互いに独立である．他の誤差（個々のデータ）が，互いに影響を及ぼしていないこと．

サンプリングをランダムに行うことで独立性が確保される．

誤差に対する4つの仮定（正規性）

読み ごさにたいするよっつのかてい（せいきせい）

英語 Normality

読み ノーマリティー

要約 誤差の分布は正規分布に従う．ヒストグラム，正規確率プロット（Normal Q-Q Plot），正規性の検定などで確認する．

誤差に対する4つの仮定（不偏性）

読み　ごさにたいするよっつのかてい（ふへんせい）

英語　Unbiasedness

読み　アンバイアストネス

要約　誤差の期待値は，0である．母集団から偏りなく抽出されていること．

誤差に対する4つの仮定（等分散性）

読み　ごさにたいするよっつのかてい（とうぶんさんせい）

英語　Homoscedasticity, Homogeneity of variance

読み　ホモスセダスティシティー，ホモジェニアティ・オブ・バリアンス

要約　誤差の母分散は，一定である．どの要因でも誤差のばらつきは同じである．R 管理図の管理限界線を利用して確認する方法，F 検定による確認がある．

プーリング

読み　ぷーりんぐ

英語　Pooling

読み　プーリング

要約　分散分析において有意でなく効果がないと思われる要因を無視して，誤差分散と合わせて新しい誤差分散の推定値をつくること．

有効反復数（有効繰返し数）

読み　ゆうこうはんぷくすう（ゆうこうくりかえしすう）

英語　Effective number of replications, Effective repeat number, Effective repetition number, Effective number of iterations

読み　エフェクティブ・ナンバー・オブ・リプリケーションズ，エフェクティブ・リピート・ナンバー，エフェクティブ・リピティション・ナンバー，エフェクティブ・ナンバー・オブ・イタレーションズ

要約　平均値 $\bar{x}$ の分布ばらつきは，$\sigma_{\bar{x}}=\dfrac{\sigma}{\sqrt{n}}$ であり，データの個数 n に左右される．ゆえに区間推定をする場合，いくつかの平均を組み合わせて求める推定式ではそのデータが何個であったかで異なる．
そこで推定する場合に，データが何個に相当するかを有効反復数と呼び，一般的に n_e で表す．

伊奈の式（有効反復数を求める式）

読み　いなのしき（ゆうこうはんぷくすうをもとめるしき）

英語　Ina's formula

読み　イナズ・フォーミュラー

要約　$\dfrac{1}{n_e}=$（点推定の式に用いられている平均の係数の和）

例：因子A（l 水準）因子B（m 水準）の二元配置分散分析の因子ABの組合せの母平均の推定における n_e を求める式を示す．

$$\frac{1}{n_e}=\frac{1}{m}+\frac{1}{l}-\frac{1}{lm}=\frac{l+m-l}{lm}$$

田口の式（有効反復数を求める式）

読み　たぐちのしき（ゆうこうはんぷくすうをもとめるしき）

英語　Taguchi's formula

読み　タグチズ・フォーミュラー

要約　$\dfrac{1}{n_e}=\dfrac{1+(\text{点推定で用いた要因の自由度の和})}{\text{総データ数}}$

例：因子A（l 水準）因子B（m 水準）の二元配置分散分析の因子ABの組合せの母平均の推定における n_e を求める式を示す．

$$n_e=\frac{lm}{\phi_A+\phi_B+1}=\frac{lm}{(l-1)+(m-1)+1}=\frac{lm}{l+m-1}$$

適合度

読み　てきごうど

英語　Goodness of fit

読み　グッドネス・オブ・フィット

要約　観測度数（実測度数）分布「実測値」が，理論分布「理論値」と比較して当てはまっているか，適合（一致）しているか，食い違っていないか，ズレはないかの程度のこと．

等価自由度

読み　とうかじゆうど

英語　Effective degrees of freedom, Equivalent degrees of freedom

読み　エフェクティブ・ディグリーズ・オブ・フリーダム，
エクィバレント・ディグリーズ・オブ・フリーダム

要約　変数（$\bar{x}_A - \bar{x}_B$）は，平均（$\mu_A - \mu_B$）で，分散が（$\sigma_{A-B}^2 = \dfrac{\sigma_A^2}{n_A} + \dfrac{\sigma_B^2}{n_B}$）の正規分布に従うことから，近似的には自由度$\phi_{AB}$の分布に従う．
この自由度を次のSatterthwaite（サタースウェイト）の方法（p.54参照）により求める．サタースウェイトは，p.242参照．
このϕ^*を等価自由度と呼ぶ．

$$\frac{\left(\dfrac{V_A}{n_A} + \dfrac{V_B}{n_B}\right)^2}{\phi^*} = \frac{\left(\dfrac{V_A}{n_A}\right)^2}{\phi_A} + \frac{\left(\dfrac{V_B}{n_B}\right)^2}{\phi_B} \quad \Rightarrow \quad \phi^* = \frac{\left(\dfrac{V_A}{n_A} + \dfrac{V_B}{n_B}\right)^2}{\dfrac{\left(\dfrac{V_A}{n_A}\right)^2}{\phi_A} + \dfrac{\left(\dfrac{V_B}{n_B}\right)^2}{\phi_B}}$$

残差

読み　ざんさ
英語　Residuals
読み　リジデュアルズ

要約　測定値（実際の値）と推定値（予測値）のズレのこと．
測定値（実際の値・観測値）－推定値（予測値）
参考：偏差＝測定値－平均値，誤差＝測定値－真の値

反復と繰返し

読み　はんぷくとくりかえし
英語　Replications, Repetition
読み　リプリケーションズ，リピティション

要約　$A_1 \sim A_k$ の実験を n 回繰り返すというのは，$A_1 \sim A_k$ をランダムに n 回わりつけることである．
$A_1 \sim A_k$ の実験を n 回反復するというのは，$A_1 \sim A_k$ の一回ずつ n 回反復することである．

交互作用

読み　こうごさよう
英語　Interaction
読み　インタラクション

要約　相乗作用，相殺作用，組合せ効果の総称，2つまたは3つ以上の因子が組み合わさることで初めて現れる相乗効果のこと．

交絡

読み　こうらく
英語　Confounding
読み　コンファウンディング

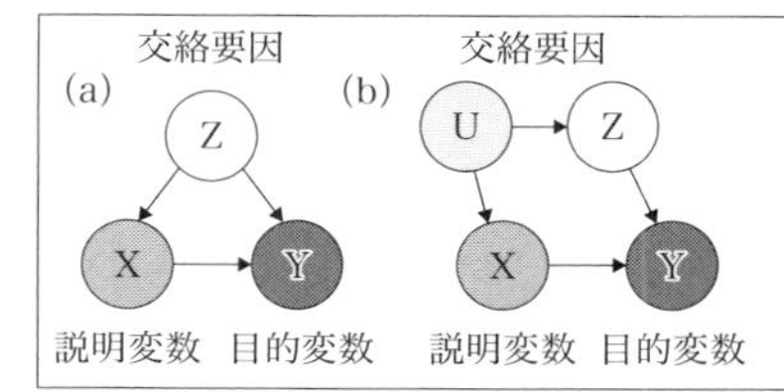

要約　ある結果について2つ以上の要因が考えられ，それぞれの原因がどの程度結果に影響しているか区別できないとき，これらの要因は交絡しているという．交絡因子があると「本当に知りたい要因（独立変数）が結果にもたらす効果」と「それ以外の要因（交絡因子）が結果にもたらす効果」が混ざってしまうために因果関係を推定することがむずかしくなる．

規準化（標準化）残差

読み　きじゅんか（ひょうじゅんか）ざんさ
英語　Standardized residuals
読み　スタンダーダイズド・リジジュアルズ

要約　残差を試料（標本）標準偏差で割って規準化（標準化）した残差

規準化（標準化）残差　$e'_i = \dfrac{e_i}{\sqrt{V_e}}$

ダービン・ワトソン比（DW）

読み　だーびんわとそんひ（でぃだぶりゅう）
英語　DW (Durbin-Watoson ratio)
読み　ディーダブリュー（ダービン・ワトソン・レシオ）

要約　残差 e_i または，規準化残差 e'_i をデータを得た順に打点して検討する．これがランダムであるかどうかを見るための1つの統計量である．次式で求め，$0 \leq d \leq 4$ の範囲でランダムであれば2に近い値となる．

$$d = \frac{\sum_{i=1}^{n-1} (e_{i+1} - e_i)^2}{\sum_{i=1}^{n} e_i^2}$$

ひずみ（歪度），ゆがみ

[読み] ひずみ（わいど）
[英語] Skewness
[読み] スキューニス

[要約]　「ひずみ（歪度）」$\sqrt{b_1}$は，分布の左右対称の程度を表す尺度で次式で求められる．正規分布は，$\sqrt{b_1}=0$である．

$$\sqrt{b_1}=\frac{\sum(x_i-\bar{x})^3/n}{\left\{\sqrt{\sum(x_i-\bar{x})^2/(n-1)}\right\}^3}$$

とがり（尖度）

[読み] とがり（せんど）
[英語] Kurtosis，Peakedness
[読み] クトーシス，ピークネス

[要約]　「とがり（尖度）」b_2は，分布の中心のとがり具合を表す尺度で次式で求めらる．正規分布は，$b_2=3$である．

$$b_2=\frac{\sum(x_i-\bar{x})^4/n}{\left\{\sqrt{\sum(x_i-\bar{x})^2/(n-1)}\right\}^4}$$

回帰

[読み] かいき
[英語] Regression
[読み] リグレッション

[要約]　1つの目的変数（従属変数）と1つ，または複数の説明変数（独立変数）の間に関係があることを回帰と呼ぶ．説明変数が1つの場合のモデルを単回帰モデルといい，複数の説明変数のモデルを重回帰モデルという．

回帰分析

読み　かいきぶんせき

英語　Regression analysis

読み　リグレッション・アナリシス

要約　目的変数と説明変数の間の関係にモデルを当てはめて係数（パラメータ）を推定し，このモデルに最もよくあてはまる式を回帰式とよび，データ（実測値）をもとに統計分析を行うこと．

説明変数，予測変数，独立変数

読み　せつめいへんすう，よそくへんすう，どくりつへんすう

英語　Explanatory variable, Independent variable, Predictor variable

読み　エクスプラナトリー・バリアブル，インディペンデント・バリアブル，プリディクター・バリアブル

要約　ある特性値（目的変数）に影響を与える要因（原因）となる変数である，すなわち，ある特性値（目的変数）を説明する変数である．
2つのデータを散布図で示した時，横軸（x 軸）の変数が説明変数である．

目的変数，応答変数，反応変数，結果変数，従属変数，基準変数

読み　もくてきへんすう，おうとうへんすう，はんのうへんすう，けっかへんすう，じゅうぞくへんすう，きじゅんへんすう

英語　Objective variable, Response variable, Reaction variable, Outcome variable, Dependent variable, Criterion variable

読み　オブジェクトティブ・バリアブル，レスポンス・バリアブル，リアクション・バリアブル，アウトカム・バリアブル，ディペンデント・バリアブル，クライテリオン・バリアブル

要約　因果関係における結果となる変数，ある変数に影響される変数を目的変数と呼ぶ．
2つのデータを散布図で示した時，縦軸（y 軸）の変数が目的変数である．

回帰モデル

読み　かいきもでる

英語　Regression model

読み　リグレッション・モデル

要約　目的変数を y，説明変数を $x_1, x_2, \cdots, x_p$ 誤差を ε とするとき
回帰モデルは，$y = \mu + \varepsilon = f(x_1, x_2, \cdots, x_p) + \varepsilon$
単回帰モデルは，$E(y) = \mu = \beta_0 + \beta_1 x$
重回帰モデルは，$E(y) = \mu = \beta_0 + \beta_1 x_1 + \beta_2 x_2 + \cdots + \beta_p x_p$
である．

切片

読み　せっぺん

英語　Intercept

読み　インターセプト

要約　回帰モデルの β_0 を切片という．
$x = 0$ のとき y の値が切片である．

回帰係数

読み　かいきけいすう

英語　Regression Coefficient

読み　リグレッション・コーイフィシエント

要約　回帰モデルの β_0，β_1，$\cdots \beta_p$ を回帰係数という．
単回帰モデルの β_1 は，回帰直線の傾斜（傾き）を表す．

回帰母数

読み　かいきぼすう

英語　Regression parameter

読み　リグレッション・パラメータ

要約　回帰モデルの切片と回帰係数を回帰母数という．
単回帰モデルでは，β_1を傾きと呼ぶ．
重回帰モデルでは，β_0を定数項，β_1，β_2，…β_pを偏回帰係数と呼ぶ．

単回帰分析

読み　たんかいきぶんせき

英語　Analysis of univariate linear regression, Single regression analysis

読み　アナリシス・オブ・ユニバリエイト・リニア・リグレッション，
シングル・リグレッション・アナリシス

要約　単回帰モデルに最もよくあてはまる回帰式を求めてデータ（実測値）をもとに回帰母数，回帰式の妥当性の検討を行って，回帰式を用いての説明変数に対する目的変数の将来予測や要因分析を行うこと．

重回帰分析

読み　じゅうかいきぶんせき

英語　Multiple regression analysis

読み　マルティプル・リグレッション・アナリシス

要約　多変量解析の１つで，説明変数が数値で２つ以上の場合に用いる分析法である．
重回帰モデルに最もよくあてはまる回帰式を求めてデータ（実測値）をもとに回帰母数，回帰式の妥当性の検討を行って，回帰式を用いての説明変数に対する目的変数の将来予測や要因分析を行うこと．

変数選択

読み へんすうせんたく
英語 Variable selection
読み バリアブル・セレクション

要約 どんなモデルが良いか，変数を選ぶことで実行します．F値が2より大きいとき，あるいは「20 %（または25 %）有意である」というプーリングの目安を準用して実施する．「変数増減法」と「変数減増法」がある．

寄与率

読み きよりつ
英語 Contribution rate, Coeffient of determination
読み コントリビューション・レート，コーフィエント・オブ・ディターミネーション

要約 各部分の変化の全体への影響のことを寄与といい，回帰分析における寄与率は，総平方和に対する回帰による平方和の割合である．
総平方和：S_{T}，　回帰による平方和：S_{R}，残差平方和：S_{e}とすると，寄与率R^2は，

$$R^2 = \frac{S_{\mathrm{R}}}{S_{\mathrm{T}}} = 1 - \frac{S_{\mathrm{e}}}{S_{\mathrm{T}}}$$

回帰診断

読み かいきしんだん
英語 Regression diagnostics
読み リグレッション・ダイグノスティクス

要約 回帰分析で導かれた回帰式のその適切さ・頑健さを評価するこであり，「回帰モデルの線形性」「異常な観測値の有無」「説明変数の従属性」などを評価する．
そして，予測値と観測値との残差の分析として，「残差」，「標準化残差」，「スチューデント化残差」等が，影響力の分析として，「Cook の距離」と「てこ比」等が用いられている．

直交多項式

読み　ちょっこうたこうしき
英語　Orthogonal polynomial
読み　オーサゴナル・ポリノミアル

要約　多項式（定数と変数の和と積で表した式）であり，次直線の効果と2次曲線の効果の積和が0となる（直交する）式で，重回帰式では，$\hat{y} = b_0 + b_1x_1 + b_2x_2 + \cdots + b_px_p$ と p 個の独立変数が用いられるが，
直交多項式では，$\hat{y} = b_0 + b_1x + b_2x^2 + \cdots + b_px^p$ と1つの独立変数の n 個のべき乗（p 乗）である．

応答曲面法（レスポンス面法）

読み　おうとうきょくめんほう（れすぽんすめんほう）
英語　Response surface methodology
読み　リスポンス・サーフィス・メソドロジー

要約　応答（目的）変数 y に対する複数（n 個）の要因（説明変数）x の影響について，より多くの情報を得るために，連続的な表面として近似させる手法で，最適化の条件設定を行った後に要因と応答変数，制約条件の基に応答曲面を作成し，その応答曲面を用いて，最適化手法で最適解を求める．
この応答変数 y の関係式を近似した式は，$y = f(x_1, x_2, \cdots x_n) + \varepsilon$
であり，関数 f は制約がないが，単純な関数で表すのが普通であり多項式を用いられることが多い．

実験計画法

読み　じっけんけいかくほう
英語　Design of experiments
読み　ディザイン・オブ・イクスペリメンツ

要約　特性（結果）に影響する要因（因子）との関係を調べるために計画的な実験方法（実験する水準を，実験順序，サンプリング方法など）を決めて実験を行ってデータをとる．その結果のデータを用いて統計的解析を行うこと．
DE とか DOE，DoE と略すこともある．

分散分析

読み　ぶんさんぶんせき

英語　ANOVA（Analysis of variance）

読み　アノーバ（アナリシス・オブ・バリエンス）

要約　実験または工程などから得たデータを用いて統計解析（2つ以上の平均値を，ばらつきを基にして比べる方法）を行うことで，分散を使って計算するので,「分散分析」と呼ばれる.

一元配置実験，一元配置法，一元配置分散分析

読み　いちげんはいちじっけん，いちげんはいちほう，いちげんはいちぶんさんぶんせき

英語　One-way analysis of variance, One-way ANOVA

読み　ワン・ウェー・アナリシス・オブ・バリアンス，ワン・ウェー・アノーバ

要約　1つの因子を取り上げて，その効果を調べるために水準を変えて実験を行って解析する方法.

二元配置実験，二元配置法，二元配置分散分析

読み　にげんはいちじっけん，にげんはいちほう，にげんはいちぶんさんぶんせき

英語　Two-way analysis of variance, Two-way ANOVA

読み　トゥー・ウェー・アナリシス・オブ・バリアンス，トゥー・ウェー・アノーバ

要約　2つの因子を取り上げる方法，2種類の因子の効果を調べるためにそれぞれ水準を変えて実験を行って解析する方法，繰り返しを行うことで2因子交互作用も調べることができる.

多元配置実験，多元配置法，多元配置分散分析

読み　たげんはいちじっけん，たげんはいちほう，たげんはいちぶんさんぶんせき

英語　Multi-factor analysis of variance, Multi-way ANOVA, Factorial ANOVA

読み　マルチ・ファクター・アナリシス・オブ・バアリアンス，マルチ・ウェイ・アノーバ，ファクトリアル・アノーバ

要約　3つの以上の因子を取り上げる方法，3種類以上の因子の効果を調べるためにそれぞれ水準を変えて実験を行って解析する方法，2因子交互作用は，繰り返し実験をしなくても交互作用の検出ができる．

直交配列表，直交表

読み　ちょっこうはいれつひょう，ちょっこうひょう

英語　Orthogonal arrays

読み　オーサゴナル・アレイズ

要約　どの2列をとっても，その水準のすべての組み合わせが同数回現れる配列のことで，これを「その2列はバランスしている」または，「直交している」という．

直交配列表実験

読み　ちょっこうはいれつひょうじっけん

英語　Orthogonal arrays experiments

読み　オーサゴナル・アレイズ・イクスペリメンツ

要約　実験を計画するとき因子数が多くなると実験回数も増大する．そこで，実験回数を少なくして重要な因子を見出すことが望まれる．このときに用いられるのが直交配列表を利用した実験である．

多水準法

読み　たすいじゅんほう

英語　Multi-level method, Column merging method

読み　マルチ・レベル・メソッド，コラム・マージング・メソッド

要約　2 水準系の直交配列表に 4 水準の因子を割り付けて実験する方法．

擬水準法

読み　ぎすいじゅんほう

英語　Dummy level method, Pseudo-level method

読み　ダミー・レベル・メソッド，スードー・レベル・メソッド

要約　3 水準系の直交配列表に 2 水準の因子を割り付けて実験する方法．

組合せ法

読み　くみあわせほう

英語　Combination design method

読み　コンビネーション・デザイン・メソッド

要約　擬水準法を用いると同じ水準の重複で誤差の成分が出るので，これを無駄にしないで，もう 1 つの因子を割り付ける方法．

分割法

読み　ぶんかつほう
英語　Split-plot design
読み　スプリット・プロット・デザイン

要約　すべての実験因子と水準の組合せで完全ランダマイズができない場合，または，１つの因子で水準毎に他の因子水準をランダム化をして１つのブロックを形成しそのブロック単位に分割してランダマイズを行う方法．

枝分かれ実験（階層計画）

読み　えだわかれじっけん（かいそうけいかく）
英語　Nested design, Hierarchical design
読み　ネスティッド・デザイン，ハイアラキカル・デザイン

要約　ある因子のすべての水準が，他のすべての因子の１つの水準だけに現れる実験の計画をいう．
例えば，ロット毎にサンプルをとり，そのサンプルの測定をそれぞれ２回以上行う．

乱塊法

読み　らんかいほう
英語　Randomized block design
読み　ランダマイズド・ブロック・デザイン

要約　実験日，実験場所（農業実験の圃場，圃場の区切りなど），原料ロット，実験装置等をブロック因子として扱い，ブロック内はランダマイズするが，ブロックは反復となる方法．
完全無作為化法の実験では，無作為化の原理と反復の原理しか利用していなかったが，乱塊法では，小分けの原理（局所管理の原理）を積極的に利用する方法である．

多変量解析法

読み　たへんりょうかいせきほう

英語　Multivariate analysis

読み　マルティバリエイト・アナリシス

要約　多変量解析は，沢山の要因（因子）を一度に処理する手法である．
重回帰分析，クラスター分析，判別分析，主成分分析，因子分析などの総称である．

主成分分析

読み　しゅせいぶんぶんせき

英語　PCA（Principal Component Analysis）

読み　ピーシーエー（プリンシパル・コンポーネント・アナリシス）

要約　複数の変数の合成値（総合指標）を作成して元の変数を減らし，全体を少数の変数で説明できるようにする多変量解析の1つの手法で，新QC七つ道具ではマトリックス・データ解析法と呼ばれている．

判別分析

読み　はんべつぶんせき
英語　Discriminant analysis
読み　ディスクリミナント・アナリシス

要約　事前に与えられているデータが異なるグループに分かれる場合，新しいデータが得られた際に，どちらのグループに入るのかを判別するために，目的変数を説明する変数（説明変数）を用いて，判別基準をつくり，その基準を基に所属グループを予測（判別）する手法である．
線形判別分析（LDA：Linear Discriminant Analysis）：超平面・直線による判別．線形判別分析は等分散性が必要．
二次判別分析（QDA：Quadratic Discriminant Analysis）：楕円など二次関数による判別．二次判別分析は等分散性が不要．
混合判別分析（MDA：Mixture Discriminant Analysis）：超曲面・曲線などの非線形判別関数．
などがある．

数量化理論

読み　すうりょうかりろん
英語　Quantification methods，Hayashi's quantification methods
読み　クオンティフィケーション・メソッド，ハヤシズ・クォンティフィケーション・メソッド

要約　林知己夫博士（p.248参照）が開発した日本独自の多次元データ分析法で，数量化理論にはⅠ類，Ⅱ類，Ⅲ類，Ⅳ類，Ⅴ類，Ⅵ類までの6つの方法があるが，現在，Ⅰ類からⅣ類までがよく知られている．
質的データをダミー変換して多変量解析をできるようにする方法である．

クラスター分析

読み くらすたーぶんせき

英語 Clustering

読み クラスタリング

要約 クラスター（Cluster）とは，英語で「房」「集団」「群れ」のことで，クラスター分析とは，異なる性質のものが混ざり合った集団から，互いに似た性質をもつものを集め，クラスターをつくり分析する手法の総称である．大きく，階層的手法（Hierarchical method）と非階層的手法（Non-hierarchical method）に分けられる．

品質工学

読み ひんしつこうがく

英語 Quality engineering, Taguchi's methods

読み クォリティー・エンジニアリング，タグチズ・メソッド

要約 田口玄一博士（p.248参照）が築いた学問で，「タグチメソッド」とも呼ばれる．
開発設計段階（パラメータ設計）：ばらつき最小化をした後，最適条件を探す．（二段階設計）
生産段階（損失関数）：フィードバックで工程の変化を制御し，品質とコストのバランスを考える．
MT システム（MT 法：マハラノビス・タグチ法）：蓄積している様々なデータを解析する．
以上で構成される．

パラメータ設計，ロバストパラメータ設計

読み ぱらめーたせっけい，ろばすとぱらめーたせっけい

英語 Parameter design, Robust parameter design

読み パラメータ・デザイン，ロバスト・パラメータ・デザイン

要約 設計段階において，価格の安い一般の部品を使って，性能や信頼性の高い商品を造ることを考える，品質を安定させ，性能が目標に近づくような条件の組合せを見つけることである．
品質工学の 2 段階設計ともいう．
1．直交表を用いた実験から評価尺度として，ノイズに対するばらつきを表す SN 比を算出し，ばらつきの影響を減らすように設計条件を最適化する．
2．ばらつきが小さくできたら平均値を目標値に近づける．

静特性のパラメータ設計

読み　せいとくせいのぱらめーたせっけい

英語　Static characteristic parameter design

読み　スタティック・キャラクタリスティック・パラメータ・デザイン

要約　静特性は望大特性，望小特性，望目特性の3種類がある．
望大特性：特性値が，負の値ではなく，無限大を目標値とする特性（大きければ大きいほど良い特性値で，強度など）
望小特性：特性値が，負の値ではなく，0を目標値とする特性（小さければ小さいほど良い特性値で，摩耗量，有害成分，真円度など）
望目特性：目標値が有限値のものをいう．（小さくても大きくても悪く，ある目標値に近いほど良い特性）

動特性のパラメータ設計

読み　どうとくせいのぱらめーたせっけい

英語　Dynamic characteristic parameter design

読み　ダイナミック・キャラクタリスティック・パラメータ・デザイン

要約　動特性は，入力を変化させて出力を調べる特性をいう．

静特性と動特性のイメージ図

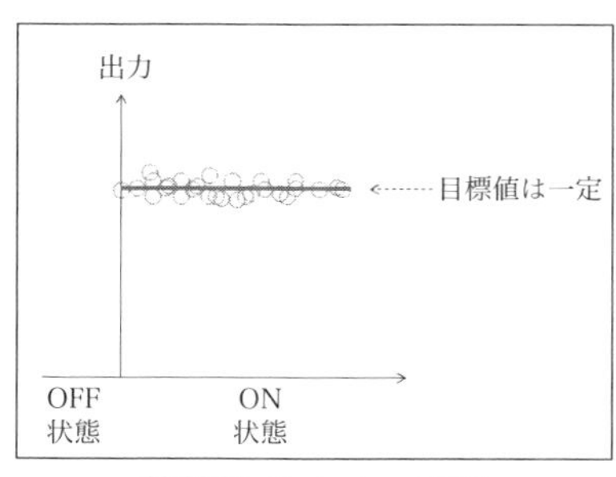

静特性のイメージ図

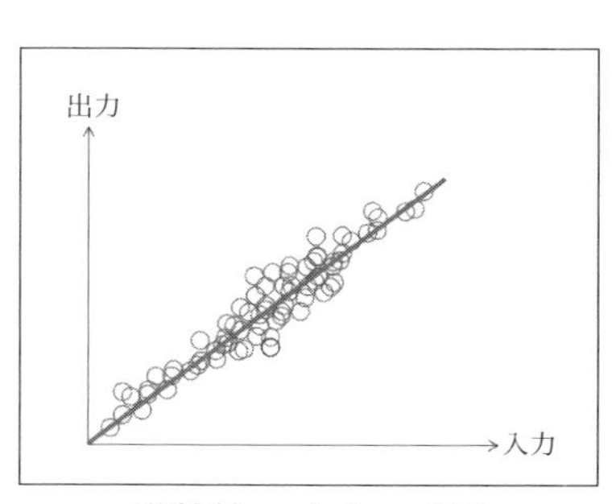

動特性のイメージ図

ノンパラメトリック法

読み のんぱらめとりっくほう

英語 Non-parametric method, Distribution-free method

読み ノン・パラメトリック・メソッド，ディストリビューション・フリー・メソッド

要約 統計手法のうち，パラメータ（母数：母集団を規定する量）について仮定をしない，分布に依存しない手法のことで，分布に関わらない手法ともいわれる．ノンパラ的な手法（順位を用いた手法）であり，外れ値・異常値の影響を受けにくい．多くの手法があるが，代表的なものとして，ウィルコクソン（Wilcoxon）の順位検定，スピアマン（Spearman）の順位相関係数検定，ケンドール（Kendall）の検定，ムッド（Mood）検定，クラスカル・ウォリス（Kruskal-Wallis）検定，フリードマン（Friedman）検定などがある．

ウィルコクソンの符号順位検定

読み ういるこくそんのふごうじゅんいけんてい

英語 Wilcoxon signed-rank test

読み ウィルコクソン・サインド - ランク・テスト

要約 ノンパラメトリック法の1つで，対応のあるデータの検定に用いられる．パラメトリック検定の対応のあるデータの t 検定に相当する．
ウィルコクソンは，p.237参照．

ウィルコクソンの順位和検定

読み ういるこくそんのじゅんいわけんてい

英語 Wilcoxon rank sum test

読み ウィルコクソン・ランク - サム・テスト

要約 ノンパラメトリック法の1つで，対応のないデータの検定で用いられる．パラメトリック検定の対応のないデータの t 検定に相当する．ウィルコクソンの順位和検定はデータを順位データに置き換えるため， t 検定に比べ，外れ値の影響を受けにくいという利点がある．

スピアマンの順位相関係数

読み　すぴあまんのじゅんいそうかんけいすう

英語　Spearman's rank correlation coefficient

読み　スピアマンス・ランク・コラレイション・コーフェション

要約　ノンパラメトリック法の指標で，2変数それぞれの順位を求めて，その順位データから求めた相関関係を示す指標である．メトリックな相関係数（ピアソンの積率相関係数）の特別な場合に相当する．
スピアマンの順位相関係数は，2つの変数が直線的でなくても，またデータの順位しかわかっていない場合にも相関関係の検討には有効である．
スピアマンは，p.235参照．

ケンドールの順位相関係数，ケンドールのタウ係数

読み　けんどーるのじゅんいそうかんけいすう，けんどーるのたうけいすう

英語　Kendall rank correlation coefficient, Kendall's tau coefficient

読み　ケンドール・ランク・コラレイション・コーフェション，ケンドールス・タウ・コーフェション

要約　ノンパラメトリック法の1つで，$(X_i - X_j)$ と $(Y_i - Y_j)$ の符号を利用するもので，2変数 $(X,\ Y)$ をデータ X を順に並べて，データ Y も X に対応させて並べ，そのデータ Y の順位から求めた相関関係を示す指標である．
ケンドールは，p.241参照．

ムード（ムッド）の検定

読み　むーど（むっど）のけんてい

英語　Mood's test，Median test，Mood's median test

読み　ムードス・テスト，メディアン・テスト，ムードス・メディアン・テスト

要約　ノンパラメトリック法の1つで，2変数のばらつきに関する検定で，パラメトリック検定の F 検定に相当する．2変数を合わせた順位を順位の中央値との差から統計量 M（ムード）を求めて検定を行う．
ムードは，p.234参照．

クラスカル・ウォリス検定

読み　くらすかる・うぉりすけんてい

英語　Kruskal–Wallis test, Kruskal–Wallis one-way analysis of variance

読み　クラスカル・ウォリス・テスト，クラスカル・ウォリス・ワン・ウエイ・アナリシス・オブ・バリアンス

要約　ノンパラメトリック法の１つで，パラメトリック検定の一元配置分散分析に相当する手法である．

クラスカルは，p.245参照．ウォリスは，p.246参照．

フリードマン検定

読み　ふりーどまんけんてい

英語　Friedman test

読み　フリードマン・テスト

要約　ノンパラメトリック法の１つで，パラメトリック検定の二元配置分散分析に相当する手法である．

フリードマンは，p.241参照．

1-4　サンプリング・測定・検査

サンプリング（抜き取り，標本抽出）

読み　さんぷりんぐ（ぬきとり，ひょうほんちゅうしゅつ）

英語　Sampling

読み　サンプリング

要約　母集団から標本・試料を採取すること．

サンプル（標本・試料）

読み　さんぷる（ひょうほん・しりょう）

英語　Sample

読み　サンプル

要約　母集団の情報を得るために採取（抽出）した標本・試料のこと．

$$V(x) = \frac{N-n}{N-1} \cdot \frac{\sigma^2}{n}$$

サンプリング単位

読み　さんぷりんぐたんい

英語　Sampling unit

読み　サンプリング・ユニット

要約　サンプリングするときのひとかたまりの標本・試料であり，単体または複数，および一定量のこと．

サンプルサイズ

読み さんぷるさいず

英語 Sample size

読み サンプル・サイズ

要約 サンプルの大きさであり，サンプルに含まれるサンプリング単位の数のこと．

ランダム（無作為）

読み らんだむ（むさくい）

英語 Random

読み ランダム

要約 でたらめ，散発的，無作為，癖のない，意図がない，偶然に任せること．

ランダマイゼーション（無作為化）

読み らんだまいぜーしょん（むさくいか）

英語 Randomization

読み ランダマイゼーション

要約 データの統計的解析を可能にするために必須の前提条件であって，これが満たされないときには誤差に関する仮定が成り立たなかったり，処理効果と誤差と交絡するおそれがある．

ランダムサンプリング（無作為抽出）

読み　らんだむさんぷりんぐ（むさくいちゅうしゅつ）
英語　Random sampling
読み　ランダム・サンプリング

要約　無作為に標本・試料を採取（抽出）することであり，「対象母集団を攪拌・混合させてからサンプリングする方法」，「乱数表を用いる方法」，「乱数サイコロなどで乱数を発生させ，その乱数を用いる方法」がある．

サンプリング（単純ランダムサンプリング）

読み　さんぷりんぐ（たんじゅんらんだむさんぷりんぐ）
英語　Simple random sampling, Unrestricted random sampling
読み　シンプル・ランダム・サンプリング，アンリストリクティッド・ランダム・サンプリング

要約　最も基本的なランダムサンプリング方法で母集団からサンプルを取るすべての組合せが同じ確率で採取されるサンプリング．

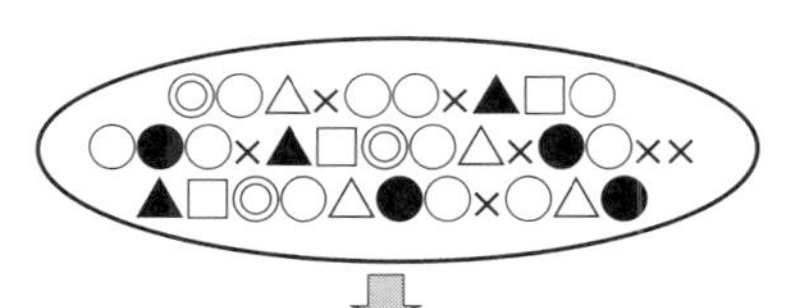

順番に番号を付けて，乱数に基づいて必要数をサンプリング．

サンプリング（集落サンプリング）

読み　さんぷりんぐ（しゅうらくさんぷりんぐ）
英語　Cluster sampling
読み　クラスター・サンプリング

要約　母集団をいくつかの集落に分割し，全集落からいくつかの集落をランダムに選び，選んだ集落に含まれるサンプリング単位をすべてとるサンプリング．集落は部分母集団の一種で，相互に共通部分をもたず，集落を合わせたものが母集団に一致する．目的とする特性に関して，集落間の差が小さくなるようにし，また集落内のばらつきは大きくなるように集落を設定する．

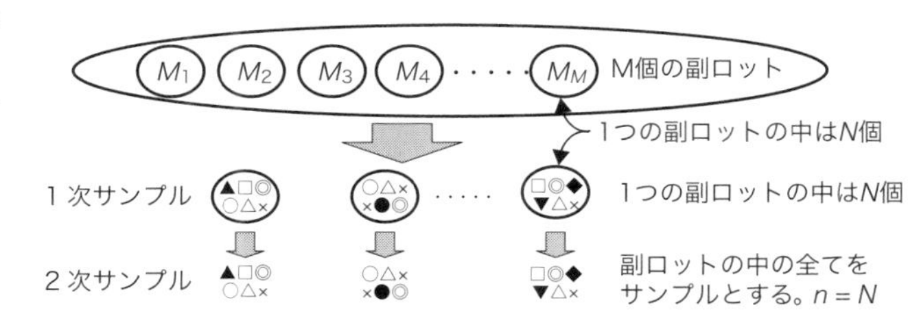

サンプリング（二段サンプリング）

読み　さんぷりんぐ（にだんさんぷりんぐ）
英語　Two-stage sampling
読み　トゥー・ステージ・サンプリング

要約　二段階に分けてサンプリングすること．第一段階は，母集団をいくつかの一次サンプリング単位に分け，そのなかからいくつかをランダムに一次サンプルとしてサンプリングする．第二段階は，取られた一次サンプルをいくつかの二次サンプリング単位に分け，この中からいくつかをランダムに二次サンプルとしてサンプリングする．

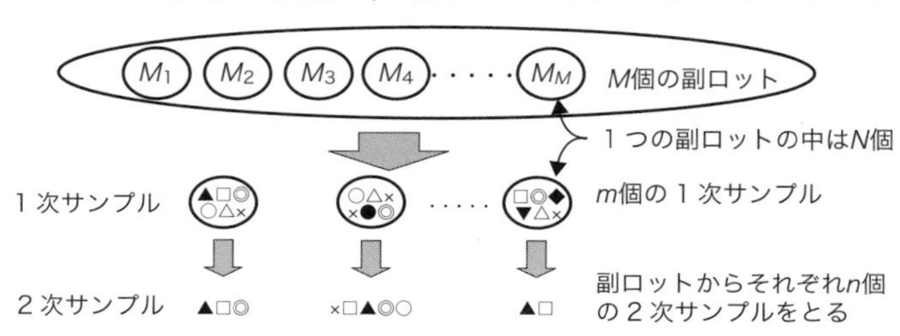

サンプリング（系統サンプリング）

読み　さんぷりんぐ（けいとうさんぷりんぐ）
英語　Systematic sampling
読み　システマティック・サンプリング

要約　母集団中のサンプリング単位が生産順のような何らかの順序で並んでいるとき，一定の間隔でサンプリング単位を取ること．この間隔を抜き取り間隔という．この場合，最初のサンプリング単位は最初の抜き取り間隔の中からランダムに選ぶ．これをランダムスタートという．

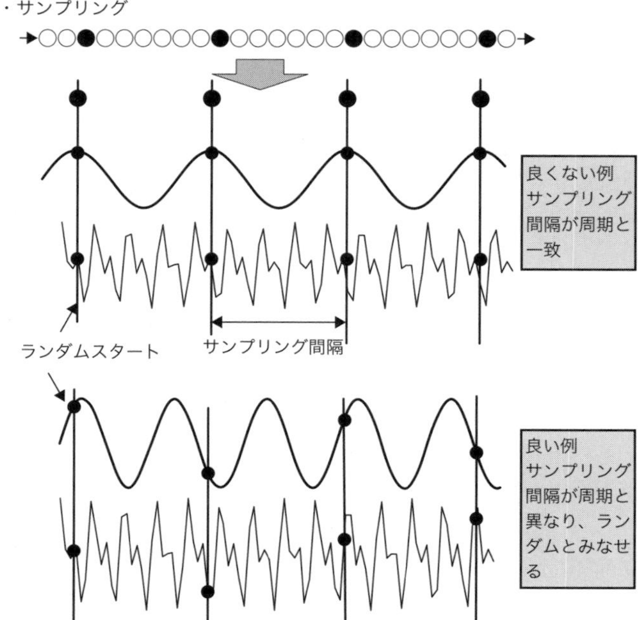

サンプリング（層別サンプリング）

読み さんぷりんぐ（そうべつさんぷりんぐ）

英語 Stratified sampling

読み ストラティファイド・サンプリング

要約 母集団を層別し，各層から1つ以上のサンプリング単位をランダムに取るサンプリング．

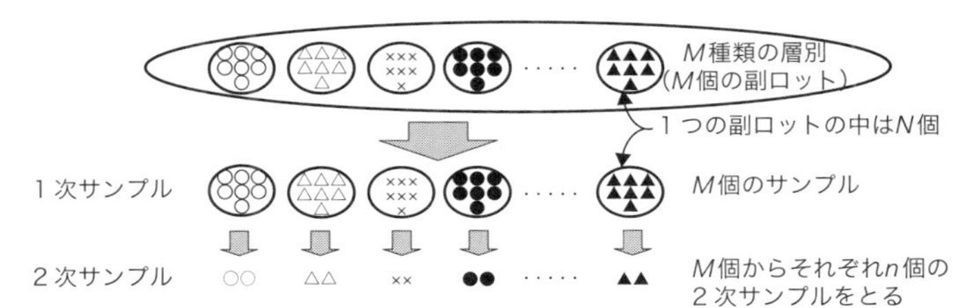

サンプリング（ワークサンプリング法）

読み わーくさんぷりんぐほう

英語 Work sampling method

読み ワーク・サンプリング・メソッド

要約 WS法ともいわれる．人の動き，機械の稼働状況をそれらが構成する要素単位に分けて，瞬間的な観測をランダムな間隔で多数回繰り返して行い，そこから得られたデータを統計的に処理する方法である．

計る

読み はかる

英語 Time

読み タイム

要約 「時間を計る」，「タイミングを計る」，「損失を計る」など数や時間を数える．

測る

読み　はかる
英語　Measure
読み　メジャー

要約　「距離を測る」,「身長を測る」,「面積を測る」など長さ，高さ，広さ，深さ，速さなどを調べる．

量る

読み　はかる
英語　Weigh
読み　ウエイ

要約　「体重を量る」,「容積を量る」など重さ，かさ，量などを調べる．

測定

読み　そくてい
英語　Measurement
読み　メジャメント

要約　ある量を，基準として用いる量と比較して，数値または符号を用いて表すこと．値を確定するプロセス．
道具を使い量を数値化すること．

測定単位

読み　そくていたんい

英語　Unit, Unit of measurement

読み　ユニット，ユニット・オブ・メジャメント

要約　量をはかるための基準として定められた量．ヤード・ポンド・尺・貫・円・ドル・メートル・グラム・アールなど．
ヒストグラムの作成手順中の測定単位とは，数値データの最小のキザミのこと．

（計測管理）校正

読み　（けいそくかんり）こうせい

英語　Calibration

読み　キャリブレーション

要約　計器または測定系の示す値，もしくは実量器または標準物質の表す値と，標準によって実現される間の関係を確定する一連の作業．

（校正）点検

読み　（こうせい）てんけん

英語　Check

読み　チェック

要約　点検では，修正が必要であるか否かを知るために，測定標準を用いて測定値の誤差を求め，修正限界との比較を行う．

(校正) 修正

[読み] (こうせい) しゅうせい
[英語] Correction
[読み] コレクション

[要約] 修正では，計測器の読みと測定量の真の値との関係を表す校正式を求め直すために，標準の測定を行い，校正式の計算または計測器の調整を行う．

計測

[読み] けいそく
[英語] Measurement, Instrumentation
[読み] メジャメント，インストルメンテーション

[要約] ある目的のために量を把握すること．数・量・重さ・長さなどを数値化すること．

計量

[読み] けいりょう
[英語] Metrology
[読み] メトロロジー

[要約] 量や重さを，計量カップやはかり，体重計などを使って計（はか）ること．

測量

読み　そくりょう
英語　Survey
読み　サーベイ

要約　器具を用いて地表上の各点相互の位置関係や形状・面積などを測定し，図示すること．

試験

読み　しけん
英語　Test
読み　テスト

要約　供試品について，特性を調べること．規定された手順に従って，製品・サービス，要因，設備などの特性値を調べること．

検査

読み　けんさ
英語　Inspection，Audst
読み　インスペクション，オーディット

要約　品物・サービス・事柄の「良い」，「悪い」を決めること．品物・サービス・事柄を何らかの方法で測定また試験をして，その結果を判定基準と比較して，合格，不合格の判定をすること．

数量検査

読み　すうりょうけんさ
英語　Quantity inspection
読み　クオンティティー・インスペクション

要約　個数・数量の検査.

品質検査

読み　ひんしつけんさ
英語　Quality inspection
読み　クオリティー・インスペクション

要約　品質の検査. 一般的には品質を省いて検査と呼んでいる.

検証

読み　けんしょう
英語　Verification
読み　ベリフィケーション

要約　ある仮説を証明するべくデータなどで裏づけをすること. 仕様（要求事項）に合っているかどうかを判断すること.
製品・サービス, プロセスまたはシステムが規定要求事項を満たしていることを, 客観的証拠によって確認すること.
(p.210の妥当性確認の図参照)

検査の種類

読み　けんさのしゅるい
英語　Types of inspection
読み　タイプス・オブ・インスペクション

要約
・検査を，「工程のどの段階で行うか」といった分類
・検査の方法（試験する数量）で分類
・検査の方法（特性値の見方，試験方法）で分類
・検査をする場所で分類
とそれぞれ分けられる．

定位置検査

読み　ていいちけんさ
英語　Fixed position inspection, Bench inspection
読み　フイックスド・ポジション・インスペクション，ベンチ・インスペクション

要約　検査員が同じ場所で検査する場合と工程を巡回して検査する場合の区別したものである．検査員が同じ場所で検査する場合のこと．

受入検査
購入検査，買入検査，検収検査

読み　うけいれけんさ，こうにゅうけんさ，かいいれけんさ，けんしゅうけんさ
英語　Receiving inspection, Acceptance inspection, Incoming inspection, Purchase inspection
読み　レシービング・インスペクション，アクセプタンス・インスペクション，インカミング・インスペクション，パーチェース・インスペクション

要約　購入先，外注先などから原材料，材料，部品，半完成品，完成品などを受け入れてよいかどうかの判定を下すことが主な目的で行われる．また，納入者側の規模によって重要な特性であってもその精密な計測ができない場合など受け入れ側でそのデータをとる目的の場合もある．

中間検査
工程間検査，工程内検査，巡回検査，自主検査，自主点検

読み　ちゅうかんけんさ
こうていかんけんさ，こうていないけんさ，じゅんかいけんさ，じしゅけんさ，じしゅてんけん

英語　Intermediate inspection
Inspection between processes, In-process inspection, Patrol inspection, Cyclic check, Self-inspection (Check), Independent inspection (Check)

読み　インターメディエイト・インスペクション
インスペクション・ビトゥイーン・プロセス，インプロセス・インスペクション，
パトロール・インスペクション，サイクリック・チェック，
セルフ・インスペクション（チェック），インディペンデント・インスペクション（チェック）

要約　工程の途中で行う検査であり，後工程に不良品が渡らないために実施する検査である．
この検査は，検査担当部門が実施する場合と製造部門が行う場合の2つがある．
定位置ではなく，指定された場所で作業のチェックをするとか，作業の結果をチェックするなど必要な場所へ移動しながら行う検査を巡回検査という．
製造部門，作業者自身が自主的に実施する検査を自主検査，自主点検という．

最終検査
出荷検査，完成検査，製品検査

読み　さいしゅうけんさ
しゅっかけんさ，かんせいけんさ，せいひんけんさ

英語　Final inspection
Delivery inspection, Shipping inspection, Completion inspection, Product inspection, Out-going inspection

読み　ファイナル・インスペクション
デリバリー・インスペクション，シッピング・インスペクション，
コンプリーション・インスペクション，プロダクト・インスペクション，
アウト・ゴーイング・インスペクション

要約　品物がその工程，工場，会社での最終品（完成品）として顧客の立場で試験し，製品規格・基準，関連法規などと照らし合わせて出荷して良いかの判定を下す目的で行われる．
また，必要に応じて個々の試験成績書を作成して顧客へ提出するとか，個々の情報，ロットの情報などを前工程へフィードバックするなどの目的もある．

非破壊検査

読み　ひはかいけんさ

英語　Non-destructive inspection

読み　ノン・ディストラクティブ・インスペクション

要約　検査しても商品価値が変わらない検査で，外観，寸法，重量，X線による内部観測などでデータが得られ，その結果で合格，不合格の判定が可能な検査のこと．

破壊検査

読み　はかいけんさ

英語　Destructive inspection

読み　ディストラクティブ・インスペクション

要約　破壊強度，寿命試験など品物を破壊しないとデータが得られない検査のこと．

機能検査（機能試験）

読み　きのうけんさ（きのうしけん）

英語　Function inspection（Function test）

読み　ファンクション・インスペクション（ファンクション・テスト）

要約　品物，ソフトウェアなどの各機能（はたらき，それぞれの役割，仕様で定義された項目）がその目的通りまたは仕様通りのはたらきを果たせるかを調べる．または判定基準と比較して合格，不合格の判定をすること．
性質や役割であって，直接数値化できないものも含まれる．

動作検査（動作試験）

読み　どうさけんさ（どうさしけん）

英語　Operation inspection（Operation test）

読み　オペレーション・インスペクション（オペレーション・テスト）

要約　動きが伴う機能，性能のはたらきを調べること（動作は一部対象外の機能項目がある）.

性能試験

読み　せいのうしけん

英語　Performance inspection（Performance test）

読み　パーフォーマンス・インスペクション（パーフォーマンス・テスト）

要約　「性能」とは，具体的な指標として数値化できるものである.
この具体的な指標を調べること.
例：特性値を計測器で測定して調べること.

外観検査（外観試験）

読み　がいかんけんさ（がいかんしけん）

英語　Appearance inspection（Appearance test）

読み　アピアランス・インスペクション（アピアランス・テスト）

要約　色，形状，表示などの外観を調べること.

抜取検査

読み　ぬきとりけんさ
英語　Sampling inspection
読み　サンプリング・インスペクション

要約　母集団からロットを構成して，そのロットからサンプルを抜取って，サンプルを検査した結果を，定められた判定基準と比較して，ロットおよび母集団の合格／不合格を判定する検査である．

抜取検査方式

読み　ぬきとりけんさほうしき
英語　Sampling Plan
読み　サンプリング・プラン

要約　定められたサンプルの大きさ，及びロットの合格判定基準を含んだ規定の方式．

計数値抜取検査

読み　けいすうちぬきとりけんさ
英語　Discrete variable sampling inspection , Sampling inspection by attributes.
読み　ディスクリート・バリアブル・サンプリング・インスペクション，
サンプリング・インスペクション・バイ・アトリビューツ

要約　抜取った試料（サンプル）に含まれる不良個数，欠点数によって合格／不合格を判定する検査．
JIS では，計数規準型 1 回抜取検査（JIS Z 9002），調整型抜取検査（JIS Z 9015-1）がある．
調整型抜取検査（JIS Z 9015-1）＝　ISO 2859-1　≒（MIL-STD-105E）である．

計量値抜取検査

［読み］けいりょうちぬきとりけんさ

［英語］Continuous variable sampling inspection, Sampling inspection by variables.

［読み］コンティニュアス・バリアブル・サンプリング・インスペクション
サンプリング・インスペクション・バイ・バリアブル

［要約］　計抜取った試料（サンプル）の特性値の値の測定値によってロットの特性値の平均値または不良率を保障するための判定を行う抜取検査.
JIS では，計量基準型抜取検査（JIS Z 9003）標準偏差既知でロットの平均値を保証する場合及び標準偏差既知でロットの不良率を保証する場合.
計量規準型一回抜取検査（JIS Z 9004）標準偏差未知で，上限または下限規格値だけ規定した場合に，ロットの不良率を保証する場合.

合格判定個数

［読み］ごうかくはんていこすう

［英語］Acceptance number

［読み］アクセプタンス・ナンバー

［要約］　計数値抜取検査の所定の抜取検査方式において，合格を許可するサンプル中に発見された不適合品または不適合数の最大値．抜取表では，Ac と記述される.

不合格判定個数

［読み］ふごうかくはんていこすう

［英語］Rejection number, Non-acceptance number

［読み］リジェクション・ナンバー，ノン・アクセプタンス・ナンバー

［要約］　計数値抜取検査の所定の抜取検査方式において，不合格と判定するサンプル中に発見された不適合品または不適合数の最小値．抜取表では Rc と記述される.

合格品質水準

読み　ごうかくひんしつすいじゅん

英語　AQL（Acceptable Quality Level, Acceptance Quality Limit）

読み　エーキューエル（アクセプタブル・クォリティー・レベル，アクセプタンス・クォリティー・リミット）

要約　抜取検査において，生産者側と受入側（購入者）間で契約などに用いる品質レベルである．
AQL より良い品質のロットは抜取検査においては合格する．

検査特性曲線 /OC 曲線

読み　けんさとくせいきょくせん / おーしーきょくせん

英語　OC curve, Operation characteristic curve

読み　オーシー・カーブ，オペレーション・キャラクタリスティック・カーブ

要約　ロットの品質とロットの合格確率の関係を表したグラフで，抜取検査を設計するときに作成し活用する．
生産者危険（α），消費者危険（β）は，p.6，p.98参照．

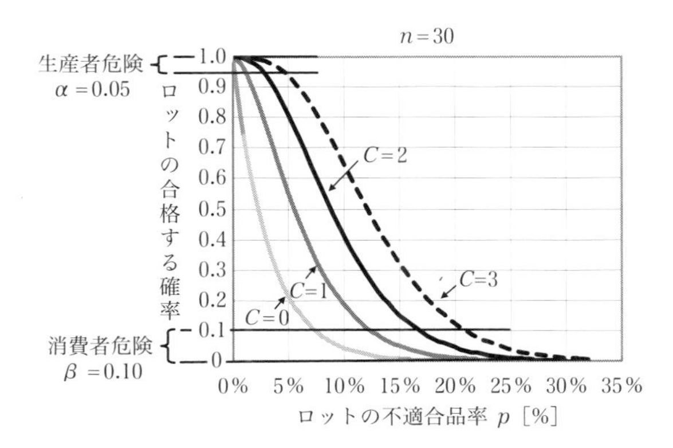

無試験検査，間接検査，承認検査

読み　むしけんけんさ，かんせつけんさ，しょうにんけんさ

英語　Acceptance without testing, Inspection without testing

読み　アクセプタンス・ウィズアウト・テスティング，
インスペクション・ウィズアウト・テスティング

要約　「品質情報，技術情報に基づいてサンプルの試験を省略する検査」，「納入者からロットごとの検査成績書の添付，提示など公開情報を基に内容を確認し試験を省略する検査」のこと．

生産者危険（α）

読み　せいさんしゃきけん

英語　PR（Producer's Risk）

読み　ピーアール（プロデューサーズ・リスク）

要約　所定の検査方式において，ロットまたは工程の品質水準（例えば，不適合品率）がその抜取検査方式では合格と指定された値のときに，ロットまたは工程が不合格となる確率（α）．検定では，第 1 種の誤りと呼ばれる．（p. 6 参照）

消費者危険（β）

読み　しょうひしゃきけん

英語　CR（Consumer's Risk）

読み　シーアール（コンシューマーズ・リスク）

要約　所定の検査方式において，ロットまたは工程の品質水準（例えば，不適合品率）がその抜取検査方式では不合格と指定された値のときに，合格となる確率（β）．検定では，第 2 種の誤りと呼ばれる．（p. 6 参照）

官能検査

読み　かんのうけんさ

英語　Organoleptic inspection, Sensory inspection, Sensorial inspection

読み　オガノレプティック・インスペクション，センソリー・インスペクション，センソリアル・インスペクション

要約　官能検査とは，人の 5 感を 1 つまたは複数用いてものの品質を官能評価し判定すること．
官能検査は，人間の感覚を使って評価を行うので，評価者で違うし，同じ人でも場所，時間，体調などによってばらつきは大きいので環境の整備，標準の整備，教育訓練が重要である．

官能特性

[読み] かんのうとくせい

[英語] Organoleptic characteristics, Sensory characteristics, Sensorial characteristics

[読み] オーガノレプティック・キャラクタリスティックス，センサリー・キャラクタリスティックス，センソリアル・キャラクタリスティックス

[要約] 測定・計測が困難で感性で評価・判断される特性，人の５感を１つまたは複数用いてものの品質を官能評価する特性．

官能評価（感性評価）

[読み] かんのうひょうか（かんせいひょうか）

[英語] Sensory evaluation, Sensitivity evaluation

[読み] センソリー・エバリエーション，センシティビティー・エバリエーション

[要約] 人の好みや感情の状態そのものを官能評価する．嗜好型と，人間の感覚をセンサーとして品物の欠点や，品物と品物の差を検出して評価する分析型に分けられる．

感性品質

[読み] かんせいひんしつ

[英語] Concept of perceived quality, Perceived quality, Sensibility quality, KANSEI-quality

[読み] コンセプト・オブ・パシーブド・クオリティー，パシーブド・クオリティー，センシビリティ・クオリティー，カンセイ・クオリティー

[要約] 人間のイメージやフィーリングで評価される品質，計測器で測れない，人間の感性で測られる品質のこと．

適合

読み　てきごう
英語　Conform, Compatible, Adaptable, Adapted
読み　コンフォーム，コンパティブル，アダプタブル，アダプティッド

要約　製品・サービス，プロセス，またはシステムが，規定要求事項を満たしていること．

不適合

読み　ふてきごう
英語　Non-conformity, Non-compliance
読み　ノン・コンフォーミティー，ノン・コンプライアンス

要約　製品・サービス，プロセスまたはシステムが，規定要求事項を満たしていないこと．

不合格

読み　ふごうかく
英語　Failure, Rejection, Non-Acceptance
読み　ファイリアー，リジェクション，ノン・アクセプタンス

要約　検査した結果，対象品または対象ロットが，判定基準に適合しないで不適合となり合格しないこと．

不良

読み　ふりょう

英語　Failure, Defective, Faults, Non-conforming

読み　ファイリアー，ディフェクティブ，フォルツ，ノン・コンフォーミング

要約　質・状態などが良くないこと．機能などが完全でないこと．
製品・サービスが，その用途に関連する要求を満たしていないこと．

欠点

読み　けってん

英語　Defect, Non-conformities, Blemish, Blot

読み　ディフェクト，ノン・コンフォーミティズ，ブレミッシュ，ブロット

要約　傷，染み，汚れなどそのものの数を数える場合の呼び方で，これらが1ケ所でも数ヶ所であっても対象物が1つの不良と数える時は不良（不良品）と呼び区別している．

欠陥

読み　けっかん

英語　Defect

読み　ディフェクト

要約　意図された用途または規定された用途に関連する要求事項を満たしていないこと．
“欠陥”という用語は，製造物責任法など法律用語として特定の意味（安全性を欠いている）をもっているので，一般用語として使用しないほうがよい．

不具合

読み　ふぐあい

英語　Malfunction, Glitches, Bug, Failure

読み　マルファンクション，グリッチーズ，バグ，フェイリアー

要約　製品・サービスの具合がよくないことまたはその箇所をいう．不具合は，不良かどうかもわからない場合に使われることが多い．

故障

読み　こしょう

英語　Failure, Malfunction, Breakdown, Accident

読み　フェイリアー，マルファンクション，ブレークダウン，アクシデント

要約　部品，構成品，デバイス，装置，機能ユニット，機器，設備，サブシステム，システムなどが要求機能達成能力を失うこと．

品（○○品）

読み　ひん（○○ひん）

英語　Product, Article, Item, Component, Part, Unit

読み　プロダクト，アーティクル，アイテム，コンポーネント，パート，ユニット

要約　製品，部品，構成品，デバイス，装置，機能ユニット，機器，設備，サブシステム，システムなどの総称とされる．
例：適合品，不適合品，良品，不良品など．

率（○○率）

読み　りつ（○○りつ）

英語　Fraction, Rate, Percentage

読み　フラクション，レイト，パーセンテージ

要約　比率，割合，歩合（ぶあい），百分率で製品，部品など品物の不良，不適合などの数と総対象数（母集団またはサンプル）との比，比率のこと．
例：不適合率，不適合品率，不良率，不良品率など．

1－5　信頼性

アイテム

読み　あいてむ

英語　Item

読み　アイテム

要約　ディペンダビリティの対象となる，部品，構成品，デバイス，装置，機能ユニット，機器，サブシステム，システムなどの総称またはいずれか．アイテムは，ハードウェア，ソフトウェア，または両方から構成される．さらに，特別な場合は，人間も含む．ソフトウェアアイテムとして用いる場合は，例えば，ソースコード，オブジェクトコード，ジョブ制御言語，関連文書類またはこれらの集合体を指す．

ディペンダビリティ（信頼性）

読み　でぃぺんだびりてぃ（しんらいせい）

英語　Dependability

読み　ディペンダビリティ

要約　広義の信頼性：アベイラビリティ性能及びこれに影響を与える要因，すなわち，信頼性性能，保全性性能，及び保全支援能力を記述するために用いられる包括的な用語．

リライアビリティ（信頼性）

読み　りらいあびりてぃ（しんらいせい）

英語　Reliability

読み　リライアビリティ

要約　狭義の信頼性：品物，ソフトウェアなどの壊れにくさ，丈夫さ，故障しない能力．
アイテムが与えられた条件の下で，与えられた期間，要求機能を遂行できる能力．

耐久性

読み　たいきゅうせい
英語　Durability
読み　デュラビリティー

要約　与えられた使用及び保全条件で，限界状態に到達するまで，要求機能を実行できるアイテムの能力．
アイテムの限界状態は，有用寿命の終わり，経済的または技術的理由による不適応，若しくは，その他の関連要因によって特徴付けられる．与えられた使用条件は，放置条件及びストレスの定められた順序，または複合を含む．合理的に予見できる全使用条件を包含する．

保全性

読み　ほぜんせい
英語　Maintainability
読み　メンティナビリティー

要約　与えられた使用条件で，規定の手順及び資源を用いて保全が実行されるとき，アイテムが要求機能を実行できる状態に保持されるか，または修復される能力．“Maintainability”は保全能力の尺度（保全度）としても用いられる．「整備性」とも呼ばれる．
ソフトウェアアイテムの場合には“保守性”と表現故障要因を修正したり，性能及びその他の特性を改善したり，環境の変化に合わせたりすることの容易さを表す．数値化できない用語として用いられる場合がある．

保全

読み　ほぜん
英語　Maintenance
読み　メンテナンス

要約　アイテムを使用及び運用可能状態に維持し，または故障，欠点などを回復するためのすべての処置及び活動．整備ということもある．保全の管理上の分類は，以下の通りである．

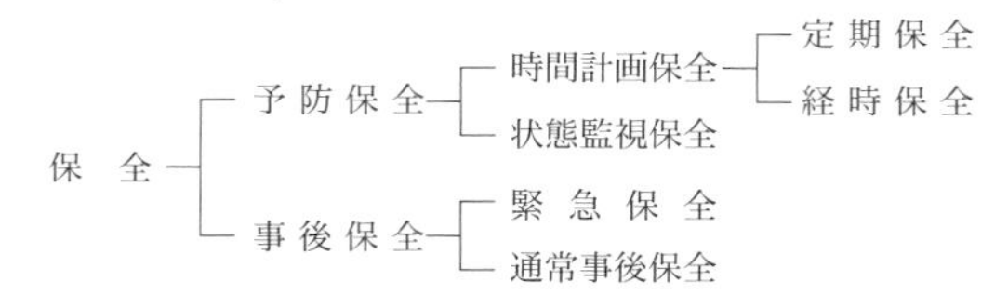

信頼性設計

読み しんらいせいせっけい
英語 Reliability design
読み リライアビリティ・デザイン

要約 アイテムの信頼性を付与する目的の設計技術.

信頼性モデル

読み しんらいせいもでる
英語 Reliability model
読み リライアビリティ・モデル

要約 機器や装置をシステムとした場合に，システムを構成している構成要素（部品など）はアイテムと呼ばれ，信頼性モデルとは，そのアイテムの信頼性性能値の予測，または推定に用いる数学モデルである.

冗長系（冗長性）

読み じょうちょうけい（じょうちょうせい）
英語 Redundant system, Redundancy
読み リダンダント・システム，リダンダンシー

要約 規定の機能を遂行するための構成要素，または手段を余分に付加し，その一部が故障しても上位アイテムは故障とならない構成.
[故障してももう1つでリカバリー]
例：航空機のエンジンが左右2つあるのは1つが故障しても1つのエンジンで運行できることで墜落防止をしている.
サーバーのハードディスクのミラー使用，主ハードディスクが破損しても，副ミラー側で重要なファイルの保護をしている.

直列系

読み　ちょくれつけい
英語　Series system
読み　シリーズ・システム

1　2　n
信頼度 R_s　R_1　R_2　R_n

$$R_s = R_1 \times R_2 \times \cdots R_n$$

要約　直列系は，システムの構成要素のうち，１つでも故障すれば，システム全体が故障となる．
すなわち，直列系システムは，冗長性がない複数個の要素からなるアイテムといえる．

並列系

読み　へいれつけい
英語　Parallel system
読み　パラレル・システム

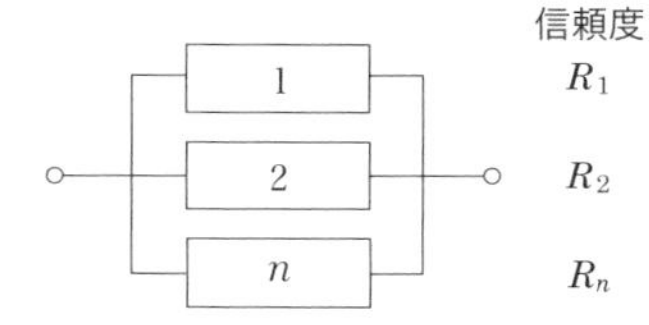

信頼度 R_p

$$R_p = 1 - (1 - R_1) \times (1 - R_2) \times \cdots (1 - R_n)$$

要約　並列系は，システムの要素すべてが故障した時のみシステムの故障となる冗長系であり，並列冗長は，すべての構成要素が機能的に並列に結合している冗長といわれる．
システムの信頼度を高くするために，構成要素の信頼度を上げることも重要であるが，並列系にすると，システムの信頼度が構成要素の信頼度よりも高くできる．

ディレーティング（負荷軽減）

読み　でぃれーてぃんぐ（ふかけいげん）
英語　Derating
読み　ディレーティング

要約　負荷軽減とは，構成要素において，使用する値を定格値から軽減することによって，寿命を延ばすことである．
［原因への対処］
例：最大定格15Ｖの素子を５Ｖで使うことである．

フール・プルーフ

読み　ふーる・ぷるーふ
英語　Fool proof
読み　フール・プルーフ

要約　「ポカよけ」,「バカよけ」と呼ばれ，失敗したくても失敗できないようにすることであり，人為的に不適切な行為または過失などが起こっても，安全性を保持できるようにすること．
[原因への対処]
例：電子レンジでドアを開けると動作が止まり電磁波による人体への影響防止をしている．
洗濯機の蓋を開けるとモータが止まることで，手を入れるなどしても安全を確保している．

フェイル・セーフ

読み　ふぇいる・せーふ
英語　Fail safe
読み　フェイル・セーフ

要約　不具合が発生しても安全側にする．人に傷害を及ぼさないことが第一目的である．
[故障しても安全]
例：コンセントでショートさせたとき，接続している電気製品の故障で発火の恐れがある場合などブレーカーまたは，ヒューズで電気の供給を遮断する．

フェイル・ソフト

読み　ふぇいる・そふと
英語　Fail soft
読み　フェイル・ソフト

要約　故障箇所を切り離して，被害を最低限に抑え機能低下をしても，停止させないようにする．あるいは，被害が生じてもそれを最小限に食い止める．
[結果への対処]
例：自動車が追突したときに衝撃を和らげるエアーバック，バンパーの働きのこと．

フェイル・ソフトリー

読み　ふぇいる・そふとりー

英語　Fail softly

読み　フェイル・ソフトリー

要約　部分的な故障がすぐ破局的・破壊につなげず，徐々に機能を低下させる．［結果への対処］

例：自動車のチューーブレスタイヤ，チューブが入ったタイヤはパンクすると直ぐに空気がなくなり危険であるが，チューブレスタイヤは，パンクしても空気は徐々にしか減らないので安全の確保ができる．

バスタブ曲線（故障率曲線）

読み　ばすたぶきょくせん（こしょうりつきょくせん）

英語　Bath-tub curve, Failure rate curve

読み　バス・タブ・カーブ，フェイリアー・レート・カーブ

要約　システム，機器，装置，設備などの故障は，予防保全を行わないと使用時間，運転時間など時間の経過とともに変化する．一般的に，運転を始めてしばらくは比較的多く故障し，しばらくすると故障が少なく安定した状態が続くが，その後，寿命が近づき故障が増加するといった経過をたどる．この曲線が西洋の浴槽の形に似ているのでバスタブ（浴槽）曲線といわれる．

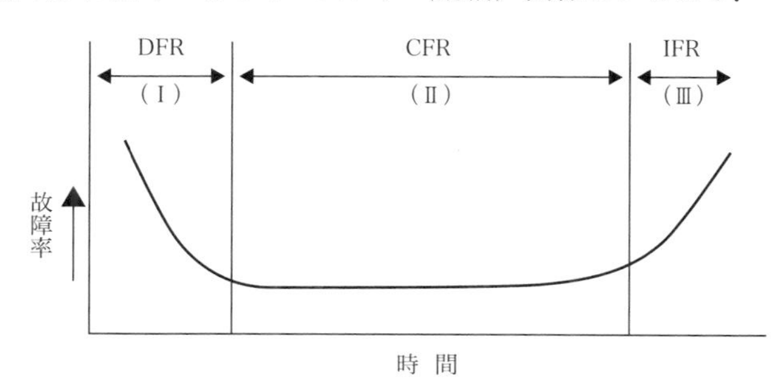

DFR：初期故障期
CFR：偶発故障期
IFR：摩耗故障期

p.110参照

初期故障期，減少型

読み　しょきこしょうき，げんしょうがた

英語　DFR（Decreasing failure rate），Infant mortality，Initial failure

読み　ディーエフアール（ディクリーシング・フェイリアー・レート），インファント・モータリティー，イニシャル・フェイリアー

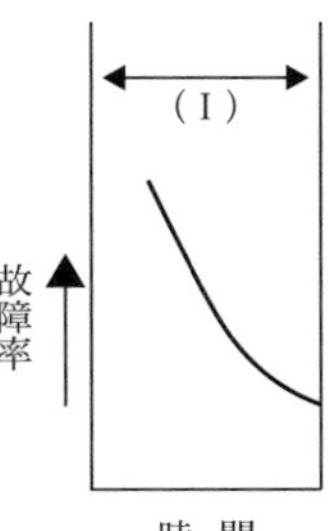

要約　システム，機器，装置，設備などの初期故障で，一般的に保証期間とされている期間である．使用されている構成部品の初期不良，設計ミス（材料選定ミス，残留応力大），製造ミス（材料欠陥・熱処理ミス・溶接欠陥など），使用方法ミスなどが原因で故障となる．

偶発故障期，一定型

読み　ぐうはつこしょうき，いっていがた

英語　CFR（Constant failure rate），Random failure

読み　シーエフアール（コンスタント・フェイリアー・レイト），ランダム・フェイリアー

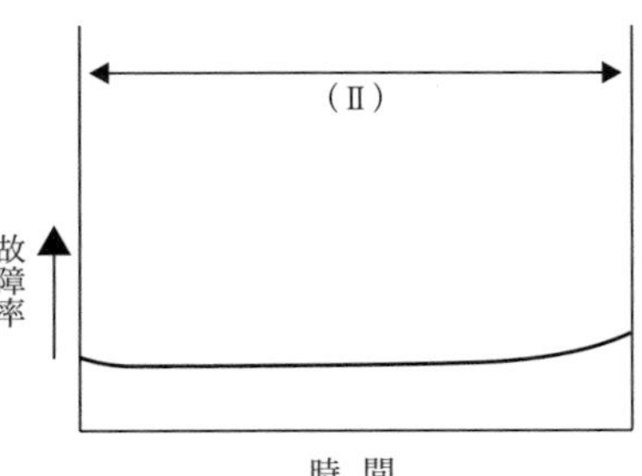

要約　システム，機器，装置，設備などの複数個の構成部品からなるシステムにみられる典型的なパターン，多くの電子部品の故障が，システムへのランダムなストレス，過酷な操作で発生する故障．

摩耗故障期，増加型

読み　まもうこしょうき，ぞうかがた

英語　IFR（Increasing failure rate），Wear-out failure

読み　アイエフアール（インクリーシング・フェイリアー・レート），ウェア・アウト・フェイリアー

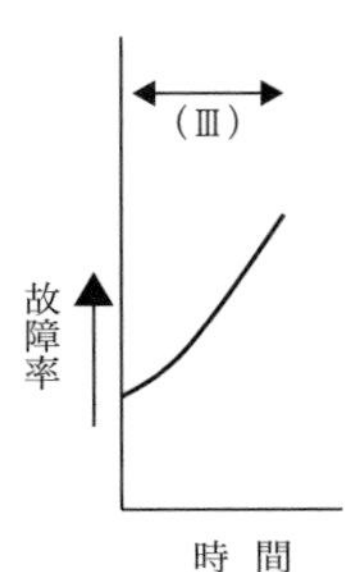

要約　システム，機器，装置，設備などの材料・部品の機械的磨耗・疲労・老化，腐食環境での劣化，老化による故障．

信頼性特性値

読み　しんらいせいとくせいち
英語　Reliability characteristics
読み　リライアビリティー・キャラクタリスティックス

要約　信頼性や保全度について検討するために数値で表したものさし，尺度のこと．

寿命値

読み　じゅみょうち
英語　Lifetime
読み　ライフタイム

要約　システム，機器，装置，設備とこれらの材料・部品の故障するまでの時間．

信頼度

読み　しんらいど
英語　Reliability
読み　リライアビリティー

要約　アイテムが与えられた条件下で，与えられた時間間隔（t_1，t_2）に対して，要求機能を実行できる確率．
$f(t)$ を寿命を表す確率関数とすると，信頼度 $R(t)$ は，

$$R(t) = \int_t^{\infty} f(t)\,\mathrm{d}t$$

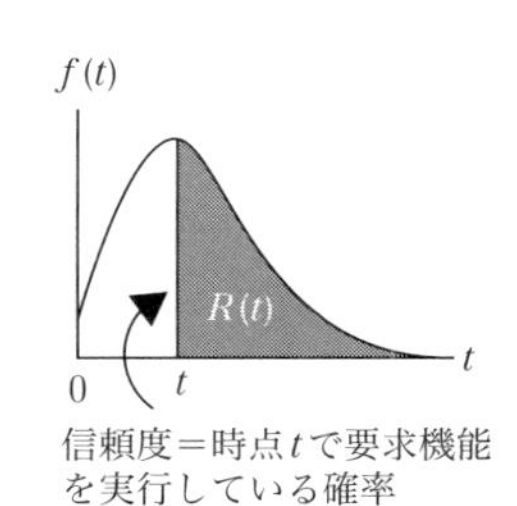

信頼度＝時点 t で要求機能を実行している確率

故障分布関数（不信頼度関数）

読み　こしょうぶんぷかんすう（ふしんらいどかんすう）

英語　Failure distribution function（Unreliability function）

読み　フェイリアー・ディストリビューション・ファンクション（アンリライアビリティ・ファンクション）

要約　アイテムの故障寿命を確率変数とみなすときの分布関数.

故障分布関数は，$F(t)$ で表す．これを不信頼度関数ともいう.

$$F(t) = 1 - R(t) \qquad R(t) = 1 - F(t)$$

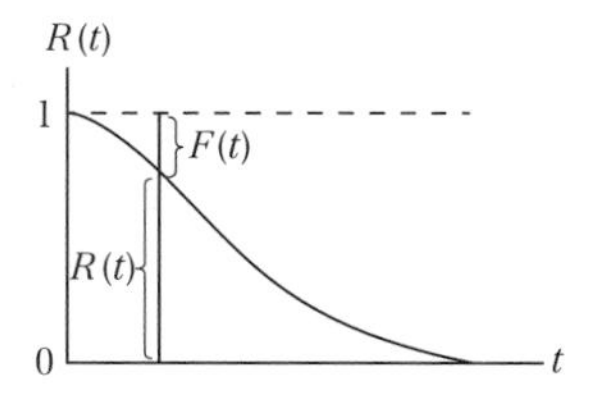

故障率

読み　こしょうりつ

英語　Failure rate

読み　ファイリアー・レート

要約　当該時点で可動状態にあるという条件を満たすアイテムの単位時間当たりの故障発生率をいう.

故障率の単位として，% /10^3h，FIT（failure In Time）［＝個（回）/10^9h］などが用いられることもある.

例：5 % /10^3h ⇒10^3時間の動作中に5 %の割合で故障が発生するという頻度のこと

　　5 FIT　　⇒10^9時間の動作中に5件故障が発生しること

故障率 $\lambda(t)$ は，時間（0, t）の故障数を $N(t)$（修理時間は無視して考える）とすると，

$$\lambda(t) = \lim_{\Delta t \to 0} \frac{1}{\Delta t} P\ \{N(t + \Delta t) - N(t) \geq 1\}$$

で表され，瞬間故障率とも呼ばれる.

$$\lambda(t) = \frac{f(t)}{R(t)} = \frac{1}{MTBF}$$

これを解りやすく表すと

$$故障率 = \frac{一定時間内の故障回数}{一定時間}$$

MTTF（故障までの平均時間）

読み えむてぃーてぃーえふ（こしょうまでのへいきんじかん）
英語 MTTF（Mean Time to Failure）
読み エムティーティーエフ（ミーン・タイム・トゥー・フェイリアー）

要約 故障までの時間の期待値（非修理系：一般に修理できない系に用いられる）.

$$MTTF = E(t) = \mu_{\mathrm{t}} = \int_0^{\infty} tf(t)\,\mathrm{d}$$

MTBF（平均故障間動作時間）

読み えむてぃーびーえふ（へいきんこしょうかんどうさじかん）
英語 MTBF（Mean time between failures）
読み エムティービーエフ（ミーン・タイム・ビットウィーン・フェイリアズ）

要約 故障間動作時間の期待値（修理系：一般に修理できる，修理される系に対して用いられる）.

$$MTBF = \frac{1}{\lambda(t)} = \frac{1}{\text{故障率}} = \frac{\text{総動作時間}}{\text{総故障件数}}$$

B_{10}ライフ

読み びーてんらいふ
英語 B_{10}-percentile
読み ビーテン・パーセンタイル

要約 10パーセント寿命，B_{10}ライフ，L_{10}ライフなどとも呼ばれ，アイテムの10 %が故障する時間を表す.

B_{10}ライフは，全体の10 %が故障するまでの時間．信頼度でいえば，信頼度が90 %となる時間.
10 %の場合をB_{10}，1 %の場合B_1，50 %の場合B_{50}と表してこれらの総称としてセーフライフと呼んでいる.

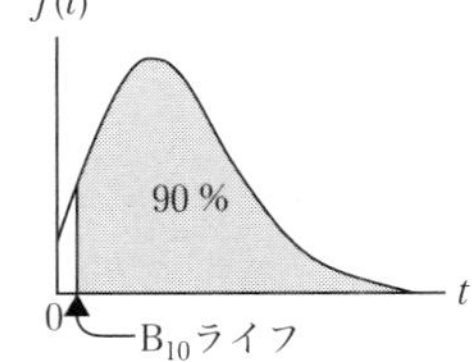

保全度

読み　ほぜんど

英語　Maintainability

読み　メンテナビリティー

要約　与えられた使用条件の基で，アイテムに対する与えられた実働保全作業が，規定の時間間隔内に終了する確率.
一定時間 t 内に修復が完了する確率で，修復時間を確率変数 x，その密度関数を $g(t)$ とすれば，時点 t における保全度 $M\ (t)$ は，

$$M(t)=\int_0^1 g(t)\,\mathrm{d}x$$

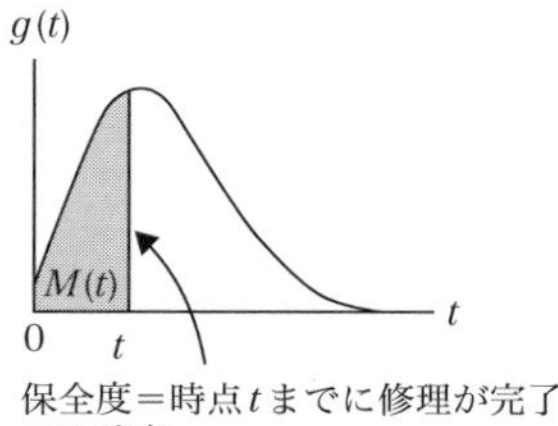

修復率

読み　しゅうふくりつ

英語　Repair rate

読み　リペア・レート

要約　当該時間間隔の始めには修復が終了していないとき，ある時点での修復完了事象の単位当たりの発生率，単位時間内に修復を終了する確率をいう.

$$修復率関数=\frac{m\ (t)}{1-M(t)}$$

$$修復率=\frac{1}{MTTR}$$

MTTR（平均修復時間）

読み　えむてぃーてぃーあーる（へいきんしゅうふくじかん）

英語　MTTR（Mean time to repair）

読み　エムティーティーアール（ミーン・タイム・トゥー・リペアー）

要約　修復時間の期待値.

$$MTTR=E(x)=\int_0^\infty tg(t)\,\mathrm{d}t$$

$$=\frac{総修復時間}{総故障件数}$$

アベイラビリティー

読み あべいらびりてぃー

英語 Availability

読み アベイラビリティー

要約 要求された外部資源が用意されたと仮定したとき，アイテムが与えられた条件で，与えられた時点，または期間中に，要求機能を実行できる状態にある能力．
規定の時点で機能を維持している確率は以下の通り．

$$\text{アベイラビリティー} = \frac{MTBF}{MTBF + MTTR}$$

FMEA（故障モードと影響解析）

読み えふえむいーえー（こしょうもーどとえいきょうかいせき）

英語 FMEA（Failure Mode and Effects Analysis

読み エフエムイーエー（フェイリアー・モード・アンド・エフェクツ・アナリシス）

要約 設計の不完全な点や潜在的な欠点を見出すために，構成要素の故障モードとその上位アイテムへの影響を解析する技法である．

詳細設計段階のFMEAワークシートの例

(名称 Assy- Sub-Assy 部品)	機能	故障モード	故障モードの上位・地システムへの影響	故障モードの重要度				故障の原因	勧告是正処置	担当部署
				発生頻度	影響度	検知難易	重要度			

FMECA（故障モード影響と致命度解析）

読み えふえむいーしーえー

英語 FMECA（Failure Mode Effects and Criticality Analysis）

読み エフエムイーシーエー（フェイリアー・モード・エフェクツ・アンド・クリティカリティー・アナリシス）

要約 FMEA で影響の致命度の格付けを重視し，数値を用いて解析する場合のこと．

FTA（故障の木解析，故障の樹解析）

読み　えふてぃーえー（こしょうのきかいせき）

英語　FTA（Fault Tree Analysis）

読み　エフティーエー（フォールト・トゥリー・アナリシス）

要約　信頼性または安全性の好ましくない現象について論理記号を用いて，その発生の経過を樹形図（FT 図）に展開して発生原因，発生確率を解析する手法．

FT 図の例

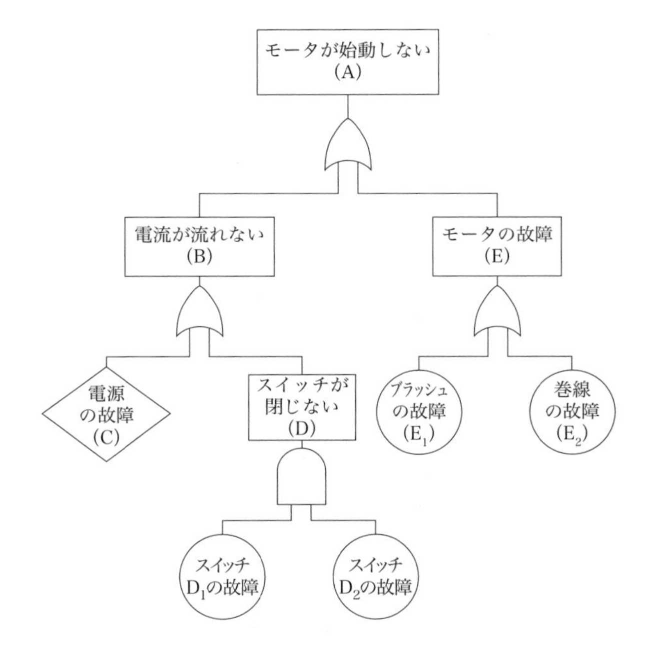

2

実践

3 現主義（三現主義）「現場・現物・現実」

読み　さんげんしゅぎ（さんげんしゅぎ）「げんば・げんぶつ・げんじつ」

英語　The three actuals principle, The three reality principle

読み　ザ・スリー・アクチュアルズ・プリンシプル，ザ・スリー・リアリティー・プリンシプル

要約　「問題が発生したら，直ちに現場に行き，直ちに現物を見て，直ちに現実的に判断を行う」こと．
現場（Actual place, Reality place）．
現物（Actual thing, Actual part, Reality thing, Reality part）．
現実（Actual situation, Actual experience, Reality situation, Reality experience）．

5 ゲン主義

読み　ごげんしゅぎ

英語　The three “actual” factors with principles and rules added

読み　ザ・スリー・“アクチュアル”・ファクターズ・ウィズ・プリンシプル・アンド・ルールズ・アデッド

要約　3 現主義に原理・原則を加えたもの．

4 M

読み　よんえむ

英語　4 M（Fore M）

読み　フォー・エム

要約　ばらつきの主要因「人（Man）」，「材料（Material）」，「機械・設備（Machine）」，「方法（Method）」の英語の頭文字をとって 4 M という．

5M

読み　ごえむ
英語　5M（Five M）
読み　ファイブ・エム

要約　4Mに「測定(Measurement)」を加えたもの.

- 5M1E
  - 5M
    - 4M
      - ①人・作業者（Man）：
        個人，年齢，性別，新人/熟練 など
      - ②機械・設備（Machine）：
        機械，型式，号機，大きさ，速さ など
      - ③原料・材料（Material）：
        メーカー，購入先，納入時期，保管条件 など
      - ④方法（Method）：
        作業順序，作業条件（温度，圧力，速度など）など
    - ⑤測定（Measurement）：
      測定器，測定場所，測定回数 など
  - ⑥環境（Environment）：
    気温，湿度，天候，明るさ など

5M1E

読み　ごえむいちいー
英語　5M1E（Five M one E）
読み　ファイブ・エム・ワン・イー

要約　5Mに「環境（Environment)」を加えたもの.

5W1H

読み　ごだぶりゅーいちえいち
英語　5W1H（When, Where, Who, What, Why, How）
読み　ファイブ・ダブリュー・ワン・エイチ（ウェン，ウェア，フー，ウァット，ワァイ，ハウ）

要約　何時（いつ），何処（どこ）で，誰（だれ）が，何（なに）を，何故(なぜ)，どのように.

5官

[読み] ごかん
[英語] 5 organs
[読み] ファイブ・オーガンズ

[要約] 5器官 ⇒ 目，耳，皮膚，舌，鼻.

5感

[読み] ごかん
[英語] 5 senses
[読み] ファイブ・センシーズ

[要約] 5感覚 ⇒ 視覚，聴覚，触覚，味覚，嗅覚.

5S

[読み] ごえす
[英語] 5S（Five S）
[読み] ファイブ・エス

[要約] 整理（SEIRI），整頓（SEITON），清掃（SEISOU），清潔（SEIKETSU），躾（SHITUKE）の頭文字をとって5Sという.

整理：Selection and sorting Sort, Sorting　：整理とは，必要なものと，不必要なものを分ける．不必要なものを捨てる．(取捨選択)

整頓：Clearly and storage Simplify, Simplifying, Set in order, Straighten, Systematic Arrangement　：何が何処にあるかわかるようにする．(明記し保管)

清掃：Sweeping, Cleaning Sweep, Sweeping, Shine,　：掃除をしてきれいな状態にする.

清潔：Maintain and keep Standardize, Standardizing,　：整理，整頓，清掃を維持する.

躾　：Manners, Etiquette, Self-discipline Self-discipline, Sustain, Sustaining Sustain　：4Sを習慣づけ維持し，ルールや規律など決めたことを守る.

AI

読み　えーあい

英語　AI（Artificial Intelligence）

読み　エー・アイ（アーティフィシャル・インテリジェンス）

要約　人工知能，人工頭脳.
1956年のダートマス会議において，ジョン・マッカーシー（p.240参照）の提案で名付けられ，人間の知能にできるだけ近い機械を作ろうとする研究と，人間が知能を使ってすることを機械にさせようという研究と，大きく分けて2つあった．以降多くの進化があり，近い将来「人間の能力を超えるのではないか」との予測もされ，人間との共生，守るべき原則や倫理観を共有する動きが世界的に広がっている.

CFT

読み　しーえふてぃー

英語　CFT（Cross Functional Teams）

読み　シー・エフ・ティー（クロス・ファンクショナル・チーム）

要約　部門横断的に様々な経験・知識をもったメンバーを集め，全社的な経営テーマについて検討，解決策を提案していくことをミッションとした組織.
部署として常設する場合と，プロジェクトとして一時的に立ち上げる場合がある．部門ごとに存在する知識や手法などを横断的に流通させ，組織全体の機能を強化する役割をもつ.

CS

読み　しーえす

英語　CS（Customer Satisfaction）

読み　シー・エス（カスタマー・サティスファクション）

要約　顧客満足（お客様満足）のことであり，お客様がこうあってほしいと希望している品質（要求品質）を顧客の生の声をもとに整理して，ねらいの品質（設計品質）を設計し，製造してでき上がったものを実際にお客様が使用したときの満足の度合が顧客満足度である．言い換えれば，製品・サービスなど品質がお客様の希望したもの，期待通りのものであるかである.

CD

読み　しーでぃー
英語　CD（Customer Delight）
読み　シー・ディー（カスタマー・ディライト）

要約　顧客歓喜のことである．顧客満足は，製品・サービスなどの品質がお客様の希望したもの，期待通りのものであるかである．これに対して顧客歓喜（CD）は，それが期待以上であることである．

CSR

読み　しーえすあーる
英語　CSR（Corporate Social Responsibility）
読み　シー・エス・アール（コーポレート・ソーシャル・レスポンシビリティー）

要約　企業の社会的責任のことであり，企業が事業活動において利益を追求するだけでなく，組織活動が社会へ与える影響を考え，顧客・株主・従業員・取引先・地域社会などのステークホルダーとの関係を重視しながら果たす社会的責任である．

CWQC

読み　しーだぶりゅーきゅーしー
英語　CWQC（Company Wide Quality Control）
読み　シー・ダブリュー・キュー・シー（カンパニー・ワイド・クォリティー・コントロール）

要約　全社的品質管理．
1996年にTQCがTQMと呼称変更されるまで，日本のTQC（全社的品質管理）をCWQCと呼んで海外に伝えていた．

TQC

読み てぃーきゅーしー
英語 TQC（Total Quality Control）
読み トータル・クォリティー・コントロール

要約 総合的品質管理のことであり，品質管理を効果的に実施するためには，市場の調査，研究・開発，製品の企画，設計，生産準備，購買・外注，製造，検査及びアフターサービス並びに財務，人事，教育など企業活動の全段階にわたり，経営者を始め管理者，監督者，作業者など企業の全員の参加と協力が必要である．このようにして実施される品質管理である．

TQM/TQM 宣言

読み てぃーきゅーえむ / てぃーきゅーえむせんげん
英語 TQM（Total Quality Management）
読み トータル・クォリティー・マネジメント

要約 日本的総合的品質管理，日本における品質管理が製品つくりからサービス業，事務など仕事に関するすべての事柄に関する品質管理に用いられ，すべての職場で全社的に行われるようになり，1996年に日本科学技術連盟が TQC から TQM へと呼称を変更する TQM 宣言を行った．

e-QCC

読み いーきゅーしーしー
英語 e-QCC（evolution-QC Circle）
読み イー・キュー・シー・シー（エボリューション・キュー・シー・サークル）

要約 進化した QC サークル活動．
① 「個」の価値を高め，感動を共有する活動
② 業務一体の活動のなかで自己実現を図る活動
③ 形式にとらわれない，幅広い部門で活用される活動
を目指す．

ES

読み　いーえす

英語　ES（Employee Satisfaction）

読み　イー・エス（エンプロイー・サティスファクション）

要約　従業員満足.
仕事の質，業務の質の重要性，人間性の尊重が基盤である，働く人・従業員の満足.

FA

読み　えふえー

英語　FA（Factory Automation）

読み　エフ・エー（ファクトリーオートメーション）

要約　数値制御の工作機械や産業用ロボットなどを導入し，工場や各工程の無人化，省力化を進めることで，設備の稼働率向上や品質の均一などができる.

FMS

読み　えふえむえす

英語　FMS（Flexible Manufacturing System）

読み　エフ・エム・エス（フレキシブル・マニュファクチャリング・システム）

要約　柔軟な生産システム：顧客の要求が多様化に伴い，多品種・小ロット生産に対応した，柔軟な生産システムのことで，FA と組み合わせた自動化がされる.

IE

読み　あいいー
英語　IE（Industrial Engineering）
読み　アイ・イー（インダストリアル・エンジニアリング）

要約　インダストリアル・エンジニアリング，生産工学，産業工学
欧米および日本の産業界の生産性向上に多大な貢献をしてきた．作業を時間的側面・動作的側面から定量的に解析して，生産性向上，原価低減，品質などの改善に関わる技術．

JIS

読み　じす
英語　JIS（Japanese Industrial Standards）
読み　ジス（ジャパニーズ・インダストリアル・スタンダーズ）

要約　日本産業規格：我が国の産業標準化（工業標準化）の促進を目的とする工業標準化法（昭和24年）に基づき制定される国家規格であり，日本産業標準調査会の答申を受けて，主務大臣が制定する産業標準である．

規格

読み　きかく
英語　Standard, Specification
読み　スタンダード・スペシフィケーション

要約　一般に，標準のうち，製品・サービス，プロセスまたはシステムに直接・間接に関する技術的事項について定めた取り決めのこと．

規則

読み　きそく
英語　Rule, Regulation
読み　ルール，レギュレーション

要約　行為や手続きなどを行う際の標準となるように定められた事柄，きまり，法則，秩序．国会以外の諸機関によって制定される法の一種．法律・命令などと同じ．
Rule が個人の行為や団体の規律に関して用いられるのに対し，Regulation は組織や制度の規定や法令にも用いられる．
同意語，類似語として，規約（Agreement, Rule），規程（Official regulation, Inner rule），規定（Provision, Regulation）がある．

規約

読み　きやく
英語　Agreement, Rule, Covenant
読み　アグリーメント，ルール，カヴァナント

要約　人が協議して決めた規則．
団体の内部に関する規定であり，会則とも呼ばれる．

規程

読み　きてい
英語　Official regulation, Inner rules
読み　オフィシャル・レギュレーション，インナー・ルールズ

要約　複数の規定を体系的にまとめたもので，規定と区別するために「きほど」と呼ばれることもある．

規定

読み　きてい

英語　Provision, Regulation, Rule

読み　プロビジョン，レギュレーション，ルール

要約　一般に，標準のうち，主として組織や業務の内容・手順・手続き・方法に関する事項について定めた取り決めを規定という．
規程と区別するために「きさだ」と呼ぶこともある．

規準

読み　きじゅん

英語　Standard, Criteria, Basis, Norn

読み　スタンダード，クライテリア，ベーシス，ノーン

要約　思考，行動の判断の手本，一定の枠となるもの．

基準

読み　きじゅん

英語　Standard, Criteria

読み　スタンダード，クライテリア

要約　物事，物の比較判断する基となるもの，基となる標準．

標準

読み ひょうじゅん
英語 Standard
読み スタンダード

要約 物事を行う場合のよりどころとなるもの，手本，模範，およその目安，目標．
関係する人々の間で利益または利便が公正に得られるように統一・単純化を図る目的で定めた取り決め．対象としては，物体，性能，能力，配置，状態，動作，手順，方法，手続き，責任，義務，権限，考え方，概念などがある．
標準を文書化したものを標準書という．

技術標準

読み ぎじゅつひょうじゅん
英語 Technical standard
読み テクニカル・スタンダード

要約 工程ごと，あるいは製品ごとに必要な技術的事項を定めたもの．作業標準や QC 工程表の条件決定の根拠となる．

業界標準

読み ぎょうかいひょうじゅん
英語 Industry standard
読み インダストリー・スタンダード

要約 学会，企業グループ団体などで定めた規格．

工業標準・工業規格，産業標準・産業規格

読み こうぎょうひょうじゅん，こうぎょうきかく，さんぎょうひょうじゅん，さんぎょうきかく
英語 Industrial standard
読み インダストリアル・スタンダード

要約 産業製品の分野における産業製品の標準化された基準，規格のこと．

工業標準化，産業標準化

読み こうぎょうひょうじゅんか，さんぎょうひょうじゅんか
英語 Industrial standardization
読み インダストリアル・スタンダーダイゼーション

要約 産業分野における産業製品の標準化のことであり，我が国では，産業標準化法に基づき，日本産業標準調査会の答申を受けて，日本産業規格（JIS：Japanese Industrial Standards）が制定されている．

国家標準

読み こっかひょうじゅん
英語 National standard
読み ナショナル・スタンダード

要約 国家による公式な決定によって認められた標準であって，当該量の他の標準に値付けするための基礎として国内で用いられるもの．
JIS（日本産業規格），JAS（日本農林規格），ANSI（米国規格協会），DIN（ドイツ規格協会），BS（英国規格）など800以上．

国際規格

読み　こくさいきかく
英語　International standard
読み　インターナショナル・スタンダード

要約　国際規格は次の 2 種類に大きく分けられる．
①デジュールスタンダード（de jure standard）：標準化団体が作成した標準で公的標準と呼ばれ，SI 単位，ISO 9000などである．
②デファクトスタンダード（de fact standard）：市場において広く利用されているもので事実上の標準，実質標準ともいわれ，法的な強制力はないが市場での競争力で勝ち抜いた標準で，マイクロソフト社の Windows とかバーコードなどである．

国際電気通信連合

読み　こくさいでんきつうしんれんごう
英語　ITU（International Telecommunication Union）
読み　アイ・ティー・ユー（インターナショナル・テレコミュニケーション・ユニオン）

要約　1865年に万国電信連合の設立，1932年に万国電信連合と国際無線電信連合の統合で現国際電気通信連合となり，有線，無線の全通信領域を対象に国際標準化活動を実施し，電気通信技術の開発，通信周波数の管理，通信規則を扱っている．

国際電気標準会議

読み　こくさいでんきひょうじゅんかいぎ
英語　IEC（International Electrotechnical Commission）
読み　アイ・イー・シー（インターナショナル・エレクトロテクニカル・コミッション）

要約　電気及び電子技術分野の国際規格の作成を行う国際標準化機関で，各国の代表的標準化機関から構成されている．1881年に第 1 回国際電気会議が開催され，1906年に IEC 国際電気標準会議が設立され，電気・電子分野の国際標準化活動を実施，1987年には情報技術を扱う ISO/IEC 合同委員会（JTC 1）を設立した．

国際標準

読み　こくさいひょうじゅん
英語　International standard
読み　インターナショナル・スタンダード

要約　国際的な合意によって認められた標準であって，当該量の他の標準に値付けするための基礎として国際的に用いられるもの．
ISO（国際標準化機構），IEC（国際電気標準会議），ITU（国際電気通信連合）など．

国際標準化機関

読み　こくさいひょうじゅんかきかん
英語　International Standards Organization
読み　インターナショナル・スタンダーズ・オーガナイゼーション

要約　国際間の規格を制定する機関でありISO（国際標準化機構），IEC（国際電気標準会議），ITU（国際電気通信連合）などである．

国際標準化機構

読み　こくさいひょうじゅんかきこう
英語　ISO（International Organization for Standardization）
読み　アイ・エス・オー（インターナショナル・オーガナイゼーション・フォー・スタンダーダイゼーション）

要約　1926年に万国規格統一協会（ISA：International Federation of the National Standardizing Associations）が設立され，1944年に活動停止され，1946年にISAとUNSCC（United Nations Standards Coordinating Committee）国際連合規格調整委員会が統合してISO（International Oganization for Standardization）国際標準化機構が設立され，日本は1952年に加入した．

作業標準

読み　さぎょうひょうじゅん

英語　Manufacturing standard, Operation standard,
Process specification, Standardized procedure for work

読み　マニュファクチャリング・スタンダード，オペレーション・スタンダード，
プロセス・スペシフィケーション，スタンダーダイズド・プロシージャー・フォー・ワーク

要約　プロセスに必要な一連の活動に関する基準，及び／または手順を定めたもの．

（注記）基準にはインプットに関するもの，中間のアウトプットに関するもの，最終アウトプットに関するものがある．

作業標準書

読み　さぎょうひょうじゅんしょ

英語　Manufacturing standard, Operation standard,
Process specification, Work instruction,
Standardized procedure for work

読み　マニュファクチャリング・スタンダード，オペレーション・スタンダード，
プロセス・スペシフィケーション，ワーク・インストラクション，
スタンダーダイズド・プロシージャー・フォー・ワーク

要約　作業条件，作業方法，管理方法，使用材料，使用設備，その他の注意事項などに関する基準（作業標準）を定めたもの．作業標準書，作業手順書，作業指図書，作業指示書，作業要領書，作業指導書，作業基準書，作業インストラクション，ワークインストラクションなどと呼ぶことがある．

社内規格

読み　しゃないきかく

英語　Company standard, Company specification

読み　カンパニー・スタンダード，カンパニー・スペシフィケーション

要約　社内標準のうち，製品・サービス，プロセスまたはシステムに直接・間接に関する技術的事項について定めた取り決め．

社内標準

読み　しゃないひょうじゅん
英語　Company standard
読み　カンパニー・スタンダード

要約　個々の事業者の会社内で会社の運営，成果物などに関して定めた標準である．

（注記 1）会社の運営に関しては，経営方針，業務所掌規定，就業規則，経理規定，マネジメントの方法などが挙げられる．
（注記 2）成果物に関しては，製品（サービス及びソフトウェアを含む），部品，プロセス，作業方法，試験・検査，保管，運搬などに関するものが挙げられる．
（注記 3）社内標準は，通常，社内で強制力をもたせている．

地域標準

読み　ちいきひょうじゅん
英語　Regional standard
読み　リージョナル・スタンダード

要約　CEN（欧州標準化委員会），EN（欧州規格）など．

任意規格

読み　にんいきかく
英語　Optional standard, Arbitrary standard
読み　オプショナル・スタンダード，アービトラリー・スタンダード

要約　任意規格は，専門用語，記号，包装または証票もしくはラベル等による表示に関する要件であって，産品または生産工程もしくは生産方法について適用されるものを含むことができ，また，これらの事項のうちいずれかのもののみでも作成することができる．

標準化

読み　ひょうじゅんか
英語　Standardization
読み　スタンダディゼーション

要約　効果的かつ効率的な組織運営を目的として，共通に，かつ繰り返して使用するための取り決めを定めて活用する活動.

標準化の目的

読み　ひょうじゅんかのもくてき
英語　Purpose of standardization
読み　パーパス・オブ・スタンダディゼーション

要約
① 互換性またはインターフェースの確保
② 多様性の制御（調整）
③ 社会理解の促進，正確な情報の伝達・相互理解の促進
④ 健康・安全の確保，環境の保護
⑤ 品質の確保
⑥ 両立性
⑦ 政策目標の遂行
⑧ 貿易障害の除去
⑨ 生産効率の向上
⑩ 使用目的の適合性・合致性の確保（目的適合性・合致性）

標準作業

読み ひょうじゅんさぎょう

英語 Standard operation, Standard work

読み スタンダード・オペレーション，スタンダード・ワーク

要約 製品または部品の製造工程全体を対象にした，作業条件，作業順序，作業方法，管理方法，使用方法，使用材料，使用設備，作業容量などに関する基準の規定.

標準時間

読み ひょうじゅんじかん

英語 Standard time

読み スタンダード・タイム

要約 その仕事の適性をもつ習熟した作業者が，所定の作業条件のもとで，必要な余裕をもち，正常な作業ペースによって仕事を遂行するために必要とされる時間.

JHS

読み じぇーえいちえす

英語 JHS（JIMU HANBAI SARBISU）

読み ジェー・エイチ・エス（ジム・ハンバイ・サービス）

要約 事務，販売，サービスの略語.
製造部門以外の職場をローマ字で表して頭文字をとったもの.
J（事務：JIMU），H（販売：HANBAI），S（サービス：SARBISU）

JIT

読み じっと

英語 JIT（Just In Time）

読み ジット（ジャスト・イン・タイム）

要約 JIT（Just In Time）：ジャスト・イン・タイム，ジット
必要な物を，必要なときに，必要な場所に必要な量だけあることを意味し，この考え方に基づいた生産方式のこと．

KKD

読み けーけーでぃー

英語 KKD（KAN KEIKEN DOKYOU）

読み ケー・ケー・ディー（カン・ケイケン・ドキョウ）

要約 KKD（ケーケーディー）：勘，経験，度胸の略語．
勘（KAN），経験（KEIKEN），度胸（DOKYOU）または，
勘（KAN），コツ（KOTSU），度胸（DOKYOU）の頭文字をとった略語．

KY 活動（KYK）

読み けーわいかつどう（けーわいけー）

英語 KYK（KIKEN YOCHI KATSUDOU）, Risk prediction activity

読み ケー・ワイ・ケー（キケン・ヨチ・カツドウ），リスク・プリディクション・アクティビティー

要約 危険予知活動，KIKEN YOCHI KATSUDOU の頭文字をとって KY 活動という．

KYT

読み けーわいてぃー
英語 KYT（KIKEN YOCHI Training）
読み ケー・ワイ・ティー（キケン・ヨチ・トレーニング）

要約 危険予知訓練のことをKYTといい，KIKEN YOCHI Trainingである．

ハインリッヒの法則

読み はいんりっひのほうそく
英語 Heinrich's law
読み ハインリッヒス・ロウ

要約 予防管理・労働災害の防止の考え方で，ハーバート・ウィリアム・ハインリッヒ（p.238参照）が1929年11月19日に発表した論文で，1つの重大事故の背後には29の軽微な事故があり，その背景には300の異常が存在するということで「ハインリッヒの災害トライアングル定理」または「傷害四角錐」とも呼ばれる．

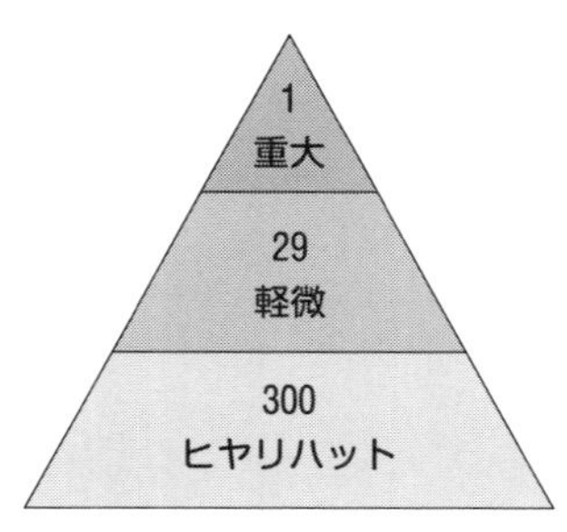

ヒヤリハット

読み ひやりはっと
英語 Unreported occurrences, Near miss, No-injury accident
読み アンリポーテッド・オカレンスズ，ニア・ミス，ノー・インジュリー・アクシデント

要約 「ヒヤリとした」「ハッとした」といったことが語源であり，危険な状態や行動などがあったことを表す．

安全衛生，労働安全衛生

読み　あんぜんえいせい，ろうどうあんぜんえいせい

英語　Occupational safety and health, Industrial safety and health

読み　オキュペーショナル・セーフティー・アンド・ヘルス，
インダストリアル・セーフティー・アンド・ヘルス

要約　労働安全衛生を略して安全衛生とも呼び，QC検定では，ヒヤリハット，KY活動，ハインリッヒの法則を指している．
職場における労働者の安全と健康を確保するとともに，快適な職場環境の形成を促進することを目的とした，労働安全衛生法がある．
また，毎年7月に全国安全週間，10月に全国労働衛生週間が開催されている．
関連法として，労働基準法（Labor Standards）がある．労働衛生の3管理とは，作業環境管理，作業管理及び健康管理の3管理のことである．

MB賞（マルコム・ボルドリッジ賞）

読み　えむびーしょう（まるこむ・ぼるどりっじしょう）

英語　Malcolm Baldrige national quality award

読み　マルコム・ボルドリッジ・ナショナル・クォリティー・アワード

要約　1987年のアメリカのレーガン政権のもとで制定された米国国家経営品質賞/アメリカ国家品質賞といわれる賞である．

OA

読み　おーえー

英語　OA（Office Automation）

読み　オー・エー（オフィス・オートメーション）

要約　OA（Office Automation）：オフィス・オートメーション
情報機器を用いて事務作業などの業務を自動化，省力化，効率化すること．
1970年代後半に普及した概念でOAという用語はあまり使われなくなり，IT（Information Technology）化という言葉に置き換わってきた．コピー機，ファクシミリ，コンピュータなどの情報機器をOA機器とも呼んでいる．

Off-JT

読み　おふじぇーてぃー

英語　Off-JT（Off The Job Training）

読み　オフ・ジェー・ティー（オフ・ザ・ジョブ・トレーニング）

要約　Off-JT（Off The Job Training）職場外訓練のことで，集合教育，社外研修，通信教育などである．

OJT

読み　おーじぇーてぃー

英語　OJT（On The Job Training）

読み　オー・ジェー・ティー（オン・ザ・ジョブ・トレーニング）

要約　OJT，職場内訓練，職場内教育ともいい，職場での実務を通じて行う教育訓練のこと．

OR

読み　おーあーる

英語　OR（Operations Research）

読み　オー・アール（オペレーションズ・リサーチ）

要約　OR（Operations Research）：オペレーションズ・リサーチ
問題を科学的に筋の通った方法を用いて解決するための問題解決学である．

PDCA

読み　ぴーでぃーしーえー

英語　PDCA（Plan, Do, Check, Act）

読み　ピー・ディー・シー・エー（プラン，ドゥー，チェック，アクト）

要約　PDCA（Plan, Do, Check, Act）：PDCAサイクル，管理のサイクルともいわれ，計画し，実行し，チェックしてその結果によって処置・対策をすること．

P（Plan）　：計画
D（Do）　：実施
C（Check）：確認
A（Act）　：処置・対策

PDCAS

読み　ぴーでぃーしーえーえす

英語　PDCA（Plan, Do, Check, Act）＋ Standardize

読み　ピー・ディー・シー・エー・エス（プラン，ドゥー，チェック，アクト）＋スタンダーダイズ

要約　PDCAをまわして，処置対策において対策に加えて標準化すること．

P（Plan）　：計画
D（Do）　：実施
C（Check）　：確認
A（Act）　：処置・対策
S（Standardize）：標準化

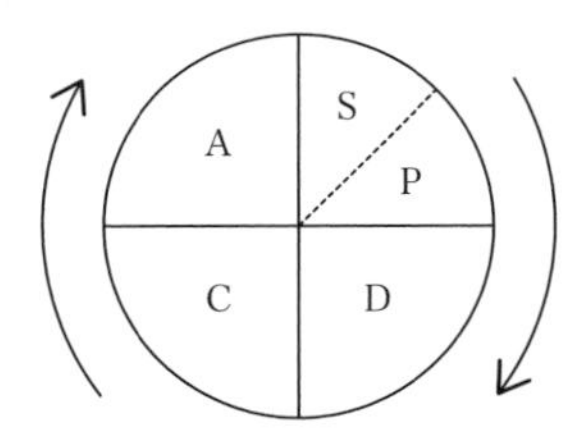

SDCA

読み　えすでぃーしーえー

英語　SDCA（Standardize, Do, Check, Act）

読み　エス・ディー・シー・エー（スタンダーダイズ，ドゥー，チェック，アクト）

要約　管理のサイクルから進展させたもので，標準化した状態を維持管理する段階の管理のサイクル．

S（Standardize）：標準化
D（Do）　：実施
C（Check）　：確認
A（Act）　：処置・対策

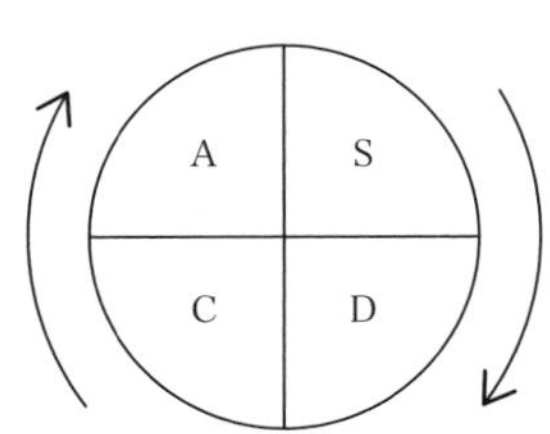

PERT

読み　ぱーと

英語　PERT（Program Evaluation and Review Technique）

読み　パート（プログラム・エバリュエーション・アンド・レビュー・テクニック）

要約　プロジェクトを合理的，効率的に遂行するための科学的工程管理手法で，パート図はＮ７のアローダイアグラム（p.44参照）と同じである．

PSME

読み　ぴーえすえむいー

英語　PSME（Productivity/Product, Sefety/Speed, Morale/Moral, Environment/Education）

読み　ピー・エス・エム・イー（プロダクティビティー / プロダクト，セーフティー / スピード，モラール / モラル，エンバイロンメント / エデュケーション）

要約　QCD に加えて広義の品質管理の管理項目であり，書物，会社で解釈も多少の差がある．P：生産性 / 製品，　S：安全 / 速さ，　M：モラール / モラル，E：環境 / 教育．

QC サークル

読み　きゅーしーさーくる

英語　QC circle

読み　キュー・シー・サークル

要約　日本で1962年（昭和37年）に誕生した小集団（グループ）活動で，ボトムアップの自主的活動が基本である．小集団改善活動，小集団活動ともいわれる．

QC ストーリー

読み　きゅーしーすとーりー
英語　QC story
読み　キュー・シー・ストーリー

要約　（株）小松製作所・粟津製作所（現粟津工場）で，QC サークルの活性化を図るために，QC サークル活動の成果をわかりやすく報告する手順のことを「QC ストーリー」と呼んだのが始まりであり，1964年に「現場と QC（現 QC サークル）」誌と「品質管理」誌に発表された．以降問題解決手順として扱われている．

QC 工程表，QC 工程図

読み　きゅーしーこうていひょう，きゅーしーこうていず
英語　QC process table, QC process chart, QC flow chart
読み　キュー・シー・プロセス・テイブル，キュー・シー・プロセス・チャート，
キュー・シー・フロー・チャート

要約　製品・サービスの生産・提供に関する一連のプロセスを図表に表し，このプロセスの流れにそってプロセスの各段階で，設備，区分など，誰が，いつ，どこで，何を，どのように管理したらよいかを，それぞれの管理項目，管理方法，管理対象，留意点などについて部門単位で集約して表一覧にまとめたもの．設計品質を示す図面，仕様書と製造工程で品質を作り込むために作業標準書や管理標準などのつながりを具体的に示したもの．これは，それぞれの企業，会社，職場によって，QC 工程図，品質管理工程表，管理工程表，工程保証図，QA 項目一覧表，管理項目一覧表などの名称で呼ばれている．

事例

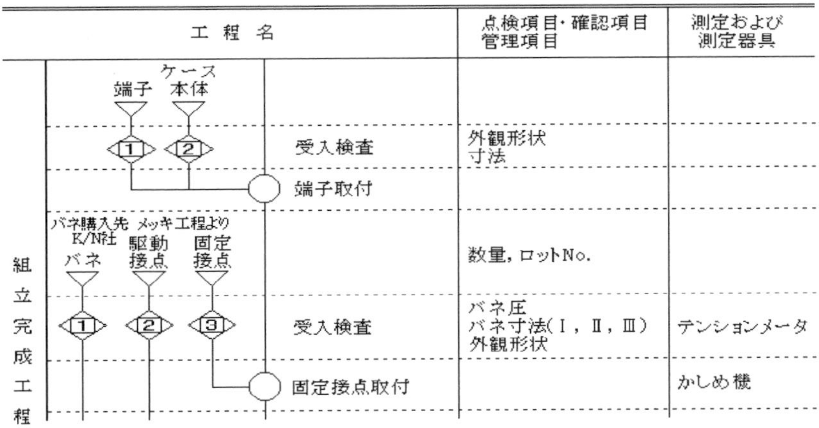

	工程名		点検項目・確認項目 管理項目	測定および測定器具
組立完成工程	端子 ▽　ケース本体 ▽			
	◇1　◇2	受入検査	外観形状 寸法	
	○	端子取付		
	バネ購入先 K/N社 バネ ▽　メッキ工程より 駆動接点 ▽　固定接点 ▽		数量，ロットNo.	
	◇1　◇2　◇3	受入検査	バネ圧 バネ寸法(Ⅰ，Ⅱ，Ⅲ) 外観形状	テンションメータ
	○	固定接点取付		かしめ機

QCD

読み きゅーしーでぃー
英語 QCD（Quality, Cost, Delivery）
読み キュー・シー・ディー（クォリティー，コスト，デリバリー）

要約　品質，価格（コスト），納期/日程のことであり，需要の3要素とも呼ばれる．

SQC

読み えすきゅーしー
英語 SQC（Statistical Quality Control）
読み エス・キュー・シー（スタティスティカル・クォリティー・コントロール）

要約　統計的品質管理のこと．
統計的な考え方を用いて製品の品質を効率よく管理すること．

SPC

読み えすぴーしー
英語 SPC（Statistical Process Control）
読み エス・ピー・シー（スタティスカル・プロセス・コントロール）

要約　統計的工程管理，統計的プロセス管理．
統計的品質管理SQCと同じである．

TPM

読み　てぃーぴーえむ
英語　TPM（Total Productive Maintenance）
読み　ティー・ピー・エム（トータル・プロダクティブ・メインテナンス）

要約　総合的生産保全，全員参加の生産保全，全社的生産革新活動.
「設備の体質を変え，人の体質を変え，企業体質を変える」ことを狙いとした活動で，設備が常に最高の効率を維持できるように設備の導入から廃棄までの各段階毎に必要な保全処置を定め，使用の方法，保全方法などについて全部門，全員参加する活動である.

VA（価値分析）

読み　ぶいえー（かちぶんせき）
英語　VA（Value Analysis）
読み　ブイ・エー（バリュー・アナリシス）

要約　1947年米国 GE 社の L. D. マイルズ（p.240参照）によって開発され，GE では VA（Value Analysis ＝価値分析）と呼んでいたが，海軍の意向によって VE に改められた．日本には，1960年頃から製造メーカーの資材部門に導入されている.

VE（価値工学）

読み　ぶいいー（かちこうがく）
英語　VE（Value Engineering）
読み　ブイ・イー（バリュー・エンジニアリング）

要約　価値（Value）＝機能（Function）/ コスト（Cost）と定義して価値を向上させることを目的とする手法である.

VOC（顧客の声）

読み ぶいおーしー（こきゃくのこえ）
英語 VOC（Voice Of Customer）
読み ブイ・オー・シー（ボイス・オブ・カスタマー）

要約 原始情報，原始データといわれ，要求品質の基となるもの．

X理論／Y理論（マクレガーのX理論Y理論）

読み えっくすりろん／わいりろん（まぐれがーのえっくすりろんわいりろん）
英語 Mcgregor's motivational theory X theory Y
読み マクレガース・モチベーショナル・セオリー・エックス・セオリー・ワイ

要約 1950年代後半にアメリカの心理・経営学者ダグラス・マクレガー（p.235参照）が提唱した人間観・動機づけにかかわる2つの対立的な考え方である．マズロー（p.232参照）の欲求段階説を基にしている．

X理論

読み えっくすりろん
英語 Mcgregor's motivational theory X
読み マクレガース・モチベーショナル・セオリー・エックス

要約 X理論は，「人間は生来怠け者で，強制されたり命令されなければ仕事をしない」とする考え方で，「アメとムチ」によるマネジメント手法となる．

Y 理論

読み　わいりろん
英語　Mcgregor's motivational theory Y
読み　マクレガース・モチベーショナル・セオリー・ワイ

要約　Y 理論は，「生まれながらに嫌いということはなく，条件次第で責任を受け入れ，自ら進んで責任を取ろうとする」考え方で，「機会を与える」マネジメント手法となる．

ZD 運動，無欠点運動，無欠陥運動

読み　ぜっどでぃーうんどう，むけってんうんどう，むけっかんうんどう
英語　Zero Defects movement
読み　ゼロ・ディフェクト・ムーブメント

要約　1962年にアメリカのマーチン社で始まり，日本には，1965年頃に伝わってきた運動で，１人１人の注意と工夫により仕事のミスをゼロにして，高品質，低原価，納期短縮を実現して顧客満足と自身の仕事に対する意欲を高める運動．

アフターサービス

読み　あふたーさーびす
英語　After service
読み　アフター・サービス

要約　商品の販売後に行われる商品の修理・メンテナンスについて，販売者が購買者に一定期間提供するサービスの総称で，英語では customer service, user support, aftersales service と呼ばれる．

エチケット

読み えちけっと
英語 Etiquette
読み エティケット

要約 礼儀作法のことである．
エチケットは，人と接するときの言動・態度の意味で使うことが多く，対面している相手を不快にさせないといった心配りの意味合いが強い．人間が本来もっている，思いやりや優しさからくる気配りがエチケットである．

マナー

読み まなー
英語 Manners
読み マナーズ

要約 態度，礼儀，礼儀作法．
マナーは，人に接するときの態度に限らず，行動一般に使われる言葉で，エチケットよりも広範囲に使われる．
規則というほど厳しいものではないが，社会的に望ましいとされる約束事に沿った言動や態度．対個人というよりは社会性の問題で，伝統や習慣から生まれたルール・方法がマナーである．

モラール

読み もらーる
英語 Morale
読み モラール

要約 勤労意欲（労働意欲），やる気，士気．
目標を達成しようとする意欲や態度．勤労意欲．従業員の集団的な意欲，士気をさしており，モラルとは区別する．

モラル

読み　もらる
英語　Morals
読み　モラル

要約　道徳，倫理観や道徳意識.
文化史的に固有な意味合いをもつ言葉であり，モラルと表現することもある.
世代や状況によって徐々に変化するマナーよりも普遍的な価値観である.

オズボーンのチェックリスト

読み　おずぼーんのちぇっくりすと
英語　Osborn's check list
読み　オズボーンズ・チェック・リスト

要約　アイデアを考える発想法（既存の事柄から新しいアイディアを考えるための 9 つの視点）で，転用，応用，変更，拡大，縮小，代用，置換，逆転，結合の視点のチェック項目である.

クレーム

読み　くれーむ
英語　Claim
読み　クレイム

要約　顧客及びその他の利害関係者が，製品・サービスまたは組織の活動が自分のニーズに一致していないことに対してもつ不満のうち，供給者または供給者に影響を及ぼすことのできる第三者へ具体的請求（修理，取替え，値引き，解約，損害賠償など）を行うこと.

苦情

読み くじょう
英語 Complain
読み コンプレイン

要約 顧客及びその他の利害関係者が，製品・サービスまたは組織の活動が自分のニーズに一致していないことに対してもつ不満のうち，供給者または供給者に影響を及ぼすことのできる第三者へ表明したもの．

（注記１）ニーズには，カタログ，仕様説明書などで明示されている機能・性能だけでなく，明示されていなくとも安全性のように当然確保されていると期待されているものも含まれる．
（注記２）不満には，提供する製品・サービスに関するもの，及び組織の活動に関するものがある．
（注記３）第三者には，消費者団体，監督機関などがある．

欠測

読み けっそく
英語 Missing
読み ミッシング

要約 測定，観測の数値などの記録がないこと．
測定，観測が何らかの原因で実施できないか，記録が紛失したなどで記録結果がないこと．

市場トラブル対応（苦情とその処理）

読み しじょうとらぶるたいおう（くじょうとそのしょり）
英語 Market troubleshooting（Complaint and the processing）
読み マーケット・トラブルシューティング（コンプレイント・アンド・ザ・プロセシング）

要約 顧客視線，顧客の立場でまずは苦情・トラブルを認知・把握する．
クレーム（苦情）対応はその場しのぎの解決をしないこと．重大性，安全性，複雑性，インパクト，即時処置の必要性などの評価をして，組織は問題を是正し，予防する．必要に応じて，顧客と関連するところへの報告をする．

異常

読み　いじょう

英語　Abnormity, Anomaly, Discrepancy

読み　アブノーミティー，アノマリー，ディスクレパンシー

要約　通常，普通と異なること，違っていること，正常でないことで，悪い状態，好ましくない場合のことを指すことが多いが，普通よりかけ離れて良い状態，好ましい場合も異常と捉える．
異常を分類すると，「周期的異常」，「突然変異の異常」「散発的異常」「慢性的異常」に分けられる．

周期的異常

読み　しゅうきてきいじょう

英語　Periodic abnormality, Cyclic abnormality

読み　ピリオディック・アブノーマリティー，サイクリック・アブノーマリティー

要約　ある規則性，周期性をもつ異常で，一度起こると引き続き同じ異常が発生し，時間経過と共にその度合いが大きくなることがある異常．

突然変異の異常

読み　とつぜんへんいのいじょう

英語　Mutational abnormality, Unexpected abnormality

読み　ミュティショナル・アブノーマリティー，アンイクスペクティッド・アブノーマリティー

要約　突発的で急激な変化で発生する異常．

散発的異常

読み　さんぱつてきいじょう
英語　Sporadic abnormality
読み　スポラディック・アブノーマリティー

要約　散発的な挙動・変化で発生する異常で，突然変異の異常も含め管理図では管理限界線の外に出る異常であり，教育訓練を怠った作業者が作業したとか設備の保全に不備があった場合などに発生する異常.

慢性的異常

読み　まんせいてきいじょう
英語　Chronic abnormality
読み　クロニック・アブノーマリティー

要約　工程または該当プロセスの実力，該当する固有技術以上の品質レベルの設計品質の場合，または，しかたがないとして正しい処置などが行われていないときに慢性的に繰り返し発生する異常.

異常原因

読み　いじょうげんいん
英語　Assignable cause
読み　アサイナブル・コーズ

要約　異常の原因は，大きく「異常原因」と「偶然原因」に分けられる.
「異常原因」と「偶然原因」は，p.7参照.

異常報告書

読み　いじょうほうこくしょ
英語　Abnormal report
読み　アブノーマル・レポート

要約　異常報告書を作成し，市場を含めての対象範囲の明確化，法的処置対策の必要の有無の検討，応急処置・対策，原因追求，再発防止策，水平展開，効果確認などに分けて進捗管理をすることが必要である．

限界見本

読み　げんかいみほん
英語　Limit sample, Criteria sample, Boundary sample
読み　リミット・サンプル，クライテリア・サンプル，バウンダリー・サンプル

要約　合格か不合格かの境界がわかりにくい官能検査などにおいて，合格とするか，不合格とするかの限度を示した品物（材料・部品・製品）の見本で，合格品の限度見本と，不合格品の限度見本とがある．

コーチング

読み　こーちんぐ
英語　Coaching
読み　コーチング

要約　コーチング，指導，訓練，助言・力づけ・援助．
コーチングは，目標達成やパフォーマンスの更なる向上を目指して，対象者を勇気付け，やる気を引き出し，自発的な行動を促すコミュニケーションスキルで，双方向的な質問型，対話型のコミュニケーションをベースとする．

コスト

読み　こすと
英語　Cost
読み　コスト

要約　価格，費用のことで，需要の３要素（品質，価格，日程）の１つである．

コンプライアンス

読み　こんぷらいあんす
英語　Compliance
読み　コンプライアンス

要約　直訳すると，応諾（おうだく）・承諾・協力・準拠・従順・服従・遵守となるが，「企業，会社，団体，組織が法律や倫理を遵守すること」として「法令遵守」「倫理法令遵守」のことで，カタカナで「コンプライアンス」といわれることが多い．

サービス

読み　さーびす
英語　Service
読み　サービス

要約　人のために力を尽くすこと．奉仕．
Product support services（製品に対するサービス），Customer support services（顧客サポートサービス），接客業などのサービス業は Hospitality services, Service industry である．また，アフターサービス（After service）をサービスと呼ぶことがある．

サービスの品質

[読み] さーびすのひんしつ
[英語] Quality of service
[読み] クォリティー・オブ・サービス

[要約] サービスという言葉の範囲が広く，それぞれに対する質を品質と捉えてサービスの質という．

サプライチェーン

[読み] さぷらいちえーん
[英語] Supply chain
[読み] サプライチェーン

[要約] 個々の企業の役割分担にかかわらず，原料の段階から製品やサービスが消費者の手に届くまでの全プロセスの繋がり，この視点よりその視点から，IT を活用して効果的な事業構築・運営する経営手法がサプライチェーンマネジメント（SCM：Supply Chain Management）と呼ばれる．

スキル

[読み] すきる
[英語] Skill
[読み] スキル

[要約] 技能，能力
物事を行うための能力，技術的な能力のこと．直訳は，技術，技量，腕前，熟練，巧みなどとなっているが，スキルとカタカナで表現される．

ステークホルダー

読み すてーくほるだー
英語 Stakeholder
読み ステークホルダー

要約 利害関係者のこと．
顧客や株主といった金銭的な利害関係だけでなく，同業者や市場，サプライヤーや債権者，地域住民，従業員など，企業や団体が活動を行う．

ディスクロージャー

読み でぃすくろーじゃー
英語 Disclosure
読み ディスクロージャー

要約 情報公開のこと．
① 企業が投資家や取引先などに対し，経営内容に関する情報を公開すること．企業内容開示．
② 行政機関のもっている情報を，国民が自由に知ることができるように公開すること．

データマイニング

読み でーたまいにんぐ
英語 Data mining
読み データ・マイニング

要約 大量のデータから有用な情報を取り出すことである．
頻出パターン抽出，クラス分析，回帰分析，クラスタリングなど．

テキストマイニング

読み　てきすとまいにんぐ

英語　Text mining

読み　テキスト・マイニング

要約　大量の文章データ（テキストデータ）から，有用な情報を取り出すことで，通常の文章からなるデータを単語や文節で区切り，それらの出現の頻度や共出現の相関，出現傾向，時系列などを解析することで有用な情報を取り出すテキストデータの分析方法.

できばえの品質

読み　できばえのひんしつ

英語　Production quality, Conformance quality

読み　プロダクション・クォリティー，コンフォーマンス・クォリティー

要約　製造品質，適合品質，合致の品質などといわれ，設計品質を実現できた度合であり，設計品質に対して品物がどの程度合致しているかを示すもの.

デザインレビュー

読み　でざいんれびゅー

英語　DR（Design Review）

読み　ディー・アール（デザイン・レビュー）

要約　設計検証，設計審査といわれ，設計活動の適切な段階で必要な知見をもった人々が集まって，そのアウトプットを評価し，改善すべき事項を提案する，及び／または次の段階への移行の可否を確認する組織的活動.

デミング・サイクル

読み　でみんぐさいくる

英語　Deming cycle

読み　デミング・サイクル

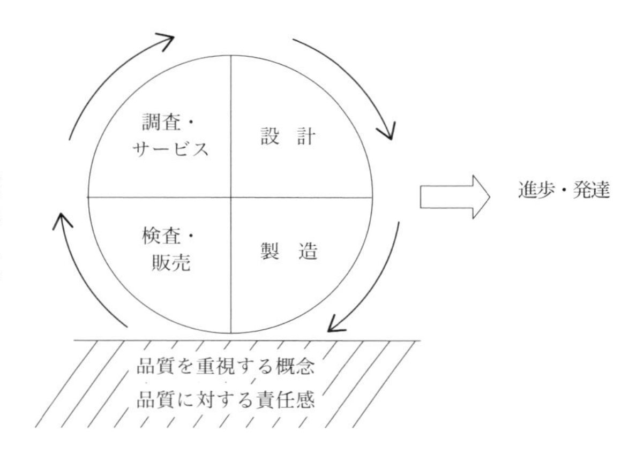

要約　企業の品質管理活動としてデミング（p.244参照）から指導を受けたデミング・サイクルで管理のサイクルの基である．

トップマネジメント

読み　とっぷまねじめんと

英語　Top management

読み　トップ・マネジメント

要約　組織の最高位のことであり，日本企業の場合は社長，副社長，常務会をトップ・マネジメントと考えるのが一般的であり，各組織例えば工場の場合は工場長がトップマネジメントとなる．

トップ診断

読み　とっぷしんだん

英語　QC diagnosis by top executives

読み　キュー・シー・ダイアグノーシス・バイ・トップ・エグゼクティブズ

要約　トップ診断，社長診断，部門長診断などと呼ばれる．
品質マネジメントシステムの運営に関しての診断，監査を専門家が行うのではなく組織のトップ自らがレビュー，評価，課題認識，改善勧告を行うこと．

トレーサビリティ

読み　とれーさびりてぃ
英語　Traceability
読み　トレーサビリティ

要約　追跡性とか追跡可能性と訳されたりする．製品，部品，材料などそれぞれのシリアル番号や製造密番，記号，ロット番号などで，個々またはロット単位で，対象範囲を明確にすることができることをいう．他に計測用語のトレーサビリティはこの解釈とは異なる．
不確かさがすべて表記された切れ目のない比較の連鎖によって，決められた基準に結びつけられ得る測定結果または標準の値の性質．基準は通常，国家標準または国際標準である．

ねらいの品質

読み　ねらいのひんしつ
英語　Quality of design, Design quality
読み　クォリティー・オブ・デザイン，デザイン・クォリティー

要約　要求品質（顧客・社会のニーズと，それを満たすことを目指して計画した製品・サービスの品質要素）を正しく把握して，それを実現することを意図とした品質．

ノウハウ

読み　のうはう
英語　Know-how
読み　ノウ・ハウ

要約　企業の活動に必要な生産・経営・管理・技術などに関する知識・経験の情報のこと．

バリューチェーン

読み ばりゅーちぇーん
英語 Value chain
読み バリュー・チェーン

要約 企業活動における業務の流れを機能ごとに分類して，どの部分（機能）で付加価値が生み出されているか，どの部分に強み・弱みがあるかを分析して，業務の効率化や競争力強化を目指す経営手法.

ビジョン

読み びじょん
英語 Vision
読み ビジョン

要約 将来の構想，展望，未来像，将来ありたい姿．または，状況.

ビフォアーサービス

読み びふぉあーさーびす
英語 Before service, Pre-delivery service
読み ビフォアー・サービス，プリ・デリバリー・サービス

要約 お客様が購入前，購入時点で，機能，使い方などを正しく理解してもらうために必要となる情報を提供すること.

フィードバック

読み ふぃーどばっく

英語 Feedback

読み フィードバック

要約 後工程から前工程へ情報（良い情報，悪い情報）を提供すること.

フィードフォワード

読み ふぃーどふぉわーど

英語 Feedforward

読み フィードフォワード

要約 後工程や販売部門へ情報（良い情報，悪い情報）を提供すること.

ブレーンストーミング

読み ぶれーんすとーみんぐ

英語 BS（Brainstorming）

読み ビー・エス（ブレーンストーミング）

要約 1939年にアメリカのアレックス・F・オズボーン（p.233参照）が組織的なアイディアの出し方を考え出した会議方式で4つの原則（ルール）がある.

① 批判禁止（Withhold criticism）：発言を批判したり，ほめたりしない.
② 自由奔放（Welcome wild ideas）：どんな発言も取り上げる.
③ 量を多く（Go for quantity）：量は質を呼ぶ，発言は多いほどよい.
④ 便乗歓迎（Combine and improve ideas）：他人のアイディアに便乗，結合は新しいアイディアを生む.

フローチャート

[読み] ふろーちゃーと
[英語] Flow chart
[読み] フロー・チャート

[要約] 流れ図（作業工程図，QC 工程表，QC 工程図）のことで，仕事の流れや処理の手順を図式化したもの．

プロセス（工程）

[読み] ぷろせす（こうてい）
[英語] Process
[読み] プロセス

[要約] 過程，工程，生産方法，手順，作用と訳される．
仕事のやり方，業務の進め方，物事を進める手順，物事が変化するときの経過，物事が進む過程であり．「作業プロセス」，「仕事のプロセス」は，「作業工程」「仕事を進める工程」のことである．

プロセスアプローチ

[読み] ぷろせすあぷろーち
[英語] Process approach
[読み] プロセス・アプローチ

[要約] プロセスアプローチは，首尾一貫したシステムとして相互に関連するプロセスであると理解し，マネジメントすることによって，矛盾のない予測可能な結果が，より効果的かつ効率的に達成できる．
プロセス（工程）へのインプットとアウトプットを明確にして，プロセスの集合体であるシステムを１つのプロセスと考え，全体のプロセス，個々のプロセスを総合的にマネジメントすることである．

プロセスによる保証

読み ぷろせすによるほしょう
英語 Quality assurance in process
読み クォリティー・アシュアランス・イン・プロセス

要約 組織の構成，会社・企業の規模などで，事業運営のステップ（プロセス）は異なるがそれぞれのステップ（プロセス）で品質を保証することである．
代表的なステップとして，
① 市場調査ステップ
② 企画ステップ
③ 設計ステップ
④ 生産準備ステップ
⑤ 生産ステップ
⑥ 販売・サービスステップ
がある．

プロセス管理（プロセスコントロール），工程管理

読み ぷろせすかんり（ぷろせすこんとろーる），こうていかんり
英語 Process control
読み プロセス・コントロール

要約 「結果も大切であるがプロセスも大切」といわれ，「結果のみを追うのではなく，結果を生み出すプロセス（仕事のやり方）に着目し，これを管理し向上させる」といったことである．
“工程（プロセス）の結果である製品・サービスの特性のばらつきを低減し，維持向上する活動．工程管理の要点は，「工程（プロセス）で品質をつくり込む」といわれるように，品質に影響する要因（５Ｍ１Ｅなど）を標準化して管理していくことである．”

プロセス重視

読み　ぷろせすじゅうし

英語　Process serious consideration, Process emphasis, Emphasize process, Process is important, Process oriented

読み　プロセス・シリアス・コンシダレーション，プロセス・エンファシス，エンファサイズ・プロセス，プロセス・イズ・インポータント，プロセス・オリエンティッド

要約　結果重視，結果主義に対する反対語で，結果のみを追うのではなく，結果を生み出す仕事のやり方や仕組みに着目すること．
良い結果，正しい結果を継続的に得るためには，プロセス（仕事のやり方）を重視しなければならない．

プロセス保証

読み　ぷろせすほしょう

英語　Assurance by process, Assurance in the process

読み　アシュアランス・バイ・プロセス，アシュアランス・イン・ザ・プロセス

要約　プロセスのアウトプットが要求される基準を満たすことを確実にする一連の活動，顧客のニーズを満たす製品を経済的に提供できるプロセスを確立する活動であり，
①　プロセスの条件を一定に保つ（標準化）
②　プロセスのもつ工程能力を評価し，必要な改善を行う
③　発生すると考えられる不適合に対する必要な検査を行う
④　プロセスにおいて発生した異常を検出し，処理すること
によって達成できる．

プロダクトアウト

読み　ぷろだくとあうと

英語　Product out

読み　プロダクト・アウト

要約　生産設備・技術などメーカー側の立場を優先して開発し生産，販売すること．

マーケットイン

読み　まーけっといん
英語　Market-in, Market oriented
読み　マーケット・イン，マーケット・オリエンティッド

要約　市場の要望に適合する製品を生産者が企画，設計，製造，販売する活動，お客様が満足する品質を備えた品物やサービスを提供すること．

マーケティング

読み　まーけてぃんぐ
英語　Marketing
読み　マーケティング

要約　マーケティングとは顧客ニーズを発見し，それらを満たす商品（製品）を開発するプロセス．
マーケティングは顧客の現実，欲求，価値観から出発する．「わが社が売りたいものは何か」ではなく，「顧客が買いたいと思うのは何か」を問うものである．

マズローの5段階

読み　まずろーのごだんかい
英語　Maslow's hierarchy of needs
読み　マズロース・ハイアラーキー・オブ・ニーズ

要約　マズロー（p.232参照）の欲求段階説
第1段階　生理的欲求（Physiological needs）
第2段階　安全・安定の欲求（Safety-security needs）
第3段階　所属・愛情欲求 / 社会的欲求（Belongingness-love needs）
第4段階　自我・尊厳の欲求（Esteem needs）
第5段階　自己実現の欲求（Self-actualization needs）

マトリックス管理

読み　まとりっくすかんり

英語　Matrix control

読み　マトリックス・コントロール

要約　タテ組織とヨコ組織を「職能別管理」により組み合わせた組織運営のマネジメントを意味する．それは，QA ネットワークは 2 元表（マトリックス図）を使って製品の品質を保証するための品質保証の網を構築したが，マトリックス図を同様に経営要素である品質，コスト，量・納期，安全，人材育成，環境などの要素と機能別組織との関連付けを整理して明確にして組織運営することである．

マトリックス組織

読み　まとりっくすそしき

英語　Matrix organization

読み　マトリックス・オーガナイゼーション

要約　一般の組織が機能別，事業別，地域別などの 1 つの基準で編成されるのに対し，2 つの基準を組み合わせて編成した組織のこと．例えば，事業別に編成された組織で各事業部が全国展開しているとき，それぞれの事業部が支店を出すと非効率になるし，1 つの地域内で一貫した動きが取れない．そこで，それぞれの事業部に属する担当者を，同時に一人の支店長の指揮下にも置き，労務管理等のコストを低減し地域で統一的な活動ができるようにする．この場合，支店と事業部など，縦軸と横軸の指示命令系統ができることから，数学用語の「マトリックス（行列）」になぞらえてマトリックス組織と呼ぶ．

マネジメント

読み　まねじめんと

英語　Management

読み　マネジメント

要約　直訳すると「経営」「管理」「組織に成果をあげさせるための道具，機能，機関」，「計画―組織―統制の一連の活動」．

マネジメントレビュー

読み　まねじめんとれびゅう
英語　Management review
読み　マネジメント・レビュー

要約　経営監査，経営者による見直しは，経営責任者自身が，マネジメントシステムの適切性，妥当性，および有効性を評価し，改善および革新につなげる活動である．

リーダーシップ

読み　りーだーしっぷ
英語　Leadership
読み　リーダーシップ

要約　すべての階層のリーダーは，目的及び目指す方向を一致させ，人々が組織の品質目標の達成に積極的に参加している状況を作り出す．
リーダーは，組織の目的及び方向を一致させる．リーダーは，人々が組織の目標を達成することに十分に参画できる内部環境をつく（創）りだし，維持すること．

L…Listen（リッスン）：メンバーの声に耳を傾けること
E…Explain（エクスプレイン）：メンバーによく説明すること
A…Assist（アシスト）：メンバーを援助すること
D…Discuss（ディスカス）：メンバーとよく話し合うこと
E…Evaluate（エバリュエイト）：メンバーを正しく評価すること
R…Respond（レスポンド）：うまくいかない場合は，リーダーの責任として考える．

環境マネジメントシステム

読み　かんきょうまねじめんとしすてむ

英語　EMS（Environmental Management System）

読み　イー・エム・エス（エンバイロメンタル・マネジメント・システム）

要約　組織や事業者が，自主的に環境保全に関する取組のために，環境に関する方針および目標を設定し，取り組む「環境管理」または「環境マネジメント」を実施するための体制・手続き等の仕組みを「環境マネジメントシステム」と呼ぶ．

管理水準

読み　かんりすいじゅん

英語　Control level, Management level

読み　コントロール・レベル，マネジメント・レベル

要約　管理項目で管理する特性（値）が，安定状態（管理状態）であるか，異常であるかを客観的に判定するための値．

構成管理

読み　こうせいかんり

英語　Configuration management

読み　コンフィギュレーション・マネジメント

要約　変更を含めて体系的に行う管理の履歴．
システム・製品・部品などに関する性能，機能などの情報を設計から製造・出荷・設置・使用までのライフサイクルすべてにわたる情報管理である．
ソフトウェアに関しては，特に「ビルド管理」，「リリース管理」における「バージョン管理」に着目し，SCM（Software Configuration Management）と呼ばれる．

再発防止，是正処置

読み さいはつぼうし，ぜせいしょち

英語 Recurrence prevention, Corrective action

読み レカランス・プリベンション，コレクティブ・アクション

要約 問題が発生したときに，工程，または仕事のしくみにおける原因を調査して取り除き，今後二度と同じ原因で問題が起きないように対策すること．
再発防止で重要なことは，真の原因を追究してそれに対する徹底した対策を講じることである．そしてさらにそのことが他でも発生しないように水平展開することも大切である．

応急処置，暫定処置，応急対策

読み おうきゅうしょち，ざんていしょち，おうきゅうたいさく

英語 Immediate remedy/fix, Tentative remedy/fix, Temporary remedy/fix, Provisional remedy/fix, Interim remedy/fix

読み イミーディエイト・レメディー / フィックス，テンタティブ・レメディー / フィックス，テンポラリー・レメディー / フィックス，プロビジョナル・レメディー / フィックス，インテリム・レメディー / フィックス

要約 異常，不具合，不適合など，その原因を追求するより先に，取り急ぎそのこと自体，それによる被害，損失が拡大しないように，とりあえず取る処置・対策で流出防止策も含み，結果系，原因系に限らず行う処置・対策をすること．

未然防止，予防処置

読み みぜんぼうし，よぼうしょち

英語 Prevention, Preventive action

読み プリベンション，プリベンティブ・アクション

要約 不具合，問題，トラブルが発生してからアクションをとるのではなく，何かを実施するときに伴って発生すると考えられる問題点をあらかじめ設計，計画段階で洗い出し，それに対する処置，対策を講じるなど，発生原因を除去しておくことである．

歯止め

読み　はどめ

英語　Recurrence stopper

読み　レカレンス・ストッパー

要約　再発防止，原因除去，恒久対策など，問題が二度と起きないようにすること，事態の進展・進行をとめる手段や方法のこと．

就業規則

読み　しゅうぎょうきそく

英語　Work regulations, Labor regulations

読み　ワーク・レギュレーションズ，レーバー・レギュレーションズ

要約　事業所における労働者の労働条件や服務規律などを定めた規則であり，就業規則は，労基法第89条により，常時10人以上の労働者を使用する事業場においては作成・届出することとなっている．
必ず記載しなければならない事項「絶対的必要記載事項」と，各事業場内でルールを定める場合には記載しなければならない事項「相対的必要記載事項」と，任意に記載し得る事項がある．
絶対的必要記載事項は，労働時間関係，賃金関係，退職関係．
相対的必要記載事項は，退職手当関係，臨時の賃金・最低賃金額関係，費用負担関係，安全衛生関係，職業訓練関係，災害補償・業務外の傷病扶助関係，表彰・制裁関係である．

水平展開（横展開）

読み　すいへいてんかい（よこてんかい）

英語　Horizontal spread, Horizontal penetration of lessons learned, Involvement of peer groups, Apply to similar things, Roll out

読み　ホリゾンタル・スプレッド，ホリゾンタル・ペネトレーション・オブ・レッスンズ・ラーンド，インボルブメント・オブ・ピア・グループス，アプライ・ツー・シミラー・シングズ，ロール・アウト

要約　異常，不具合，不適合などの真の原因追究をして，その原因が例えば部品であった場合，その部品を使用する他の製品に対しても，同様の問題の発生の有無にかかわらず予防対策として同じ対策をすること．また，原因がしくみ，設備などであってもその事柄，原因が関連工場，他の製品であっても同じ対策を実施すること．

整合性

読み せいごうせい
英語 Consistency
読み コンシステンシー

要約 論理的，数的な一貫性のこと．すなわちデータが論理的な統計手法を用いても矛盾がないこと．

報連相

読み ほうれんそう
英語 Hourensou
読み ホウレンソウ

要約 報告，連絡，相談のこと．

報告

読み ほうこく
英語 Reporting
読み レポーティング

要約 報告は良い事だけでなく，ミスについても行うこと．聞かれるまで待つのではなく自ら進んで報告すること．報告のタイミングとしては以下の通りである．
・指示された仕事が終わったとき
・長期の仕事の進行状況の中間報告
・仕事の進め方に変更が必要なとき
・新しい情報を入手したとき
・仕事に対する新しい改善方法を見つけたとき
・ミスをしたとき

連絡

読み れんらく

英語 Information exchange, Communication

読み インフォメーション・イクスチェンジ，コミュニケーション

要約　連絡の手段は，対象・内容・緊急度・重要度によって異なる．そこで，意思の疎通を図るために次の内容で使い分けるとよい．

・簡単なもの，急を要するもの
・多数の者に知らせるもの
・文書による連絡が必要なもの

相談

読み そうだん

英語 Consultation, Counseling

読み コンサルテーション，カウンセリング

要約　相談は，上司や先輩，同僚からアドバイスをもらうことであり，より適格なアドバイスが得られるように，まずは自分の相談したい事柄を下記のように整理するとよい．

・相談したい事柄の現状
・相談したい事柄の目指しているところ（目指すべきところ）
・相談する前にすでにやったこと，それをやった後に目指している状態にならなかった理由（現状までのプロセス）

ジョハリの窓

読み じょはりの窓

英語 Johari Window

読み ジョハリ・ウインドウ

要約　グループ成長のための対人関係における気づきモデルで，自己理解のツールである．「④未知の窓」の部分をグループ討議をすることによりアイディア，新たな知恵を生み出す考え方として活用される．

①「公開された自己」（開放）
②「自分は知らないが他者は知っている自己」（盲点）
③「隠されている自己」（秘密）
④「誰にも知られていない自己」（未知）

自分 / 他人	知	不知
知	① Open 開放の窓	② Blind 盲点の窓
不知	③ Hidden 秘密の窓	④ Unknown 未知の窓

観測

読み かんそく

英語 Observation

読み オブザベーション

要約 ある事象を調べるために観察し，事実を認める行為.
観察し測定することで，測定器などを用いて物事の状態や推移変化を観察し，それを数値に表すこと.

計器

読み けいき

英語 Measuring instrument, Measuring meter, Measuring gauge

読み メジャリング・インストルメント，メジャリング・メーター，メジャリング・ゲージ

要約 測定量の値，物理的状態などを表示，指示または記録する器具.

計装

読み けいそう

英語 Instrumentation

読み インストルメンテーション

要約 特測定装置，制御装置などを装備すること.
生産工程等を制御するために，測定装置や制御装置などを装備し，測定することで，経営情報システムから，個々の装置の制御装置まで，階層化・統合化されたシステムも含まれる.

計測器

[読み] けいそくき

[英語] Measuring instrument, Measuring equipment, Measuring apparatus, Measuring device, Measuring meter, Measuring gauge

[読み] メジャリング・インストルメント，メジャリング・エクイップメント，メジャリング・アパレータス，メジャリング・ディバイス，メジャリング・メーター，メジャリング・ゲージ

[要約] 計器，測定器，標準器などの総称．

測定器

[読み] そくていき

[英語] Measuring instrument, Measuring equipment, Measuring apparatus, Measuring device

[読み] メジャリング・インストルメント，メジャリング・エクイップメント，メジャリング・アパレータス，メジャリング・ディバイス

[要約] 測定を行うための器具装置など．

１つの要素を測定する器具で，寸法を測定するノギス，電圧を測定する電圧計，温度を測定する温度計などである．

測定機

[読み] そくていき

[英語] Measuring machine

[読み] メジャリング・マシン

[要約] 測定を行うための機械．

複数の要素を組み合せて測定する機械で温度，湿度，気圧などを測定し総合的な指標を測る環境測定装置．または，寸法であってもＸ軸，Ｙ軸，Ｚ軸と立体的に形状測定する機械などである．

標準器

読み　ひょうじゅんき
英語　Measurement standard, Etalon
読み　メジャメント・スタンダード，エイタロン

要約　ある単位で表された量の大きさを具体的に表すもので，測定の基準として用いるもの．（測定）標準のうち，計器および実量器を指す．
なお，公的な検定または製造業者における検査での計量の基準として用いるものは，基準器という．

分析機器

読み　ぶんせきききき
英語　Analyzer/Analytical instrument
読み　アナライザー / アナリティカル・インストルメント

要約　物質の性質，構造，組成などを定性的，定量的に測定するための機械，器具または装置．

安全4法

読み　あんぜんよんぽう

英語　Four safety laws

セーフティー・フォー・ローズ

要約　日本の製品安全4法は，

・消費生活用製品安全法（PSC:Product Safety of Consumer products）
・電気用品取締法　（PSE:Product Safety Electrical appliance & materials）
・ガス事業法（PSTG:Product Safety of Town Gas equipment and appliances）
・液化石油ガス保安の確保及び取引適正化に関する法律
（PSLPG：Product Safety of Liquefied Petroleum Gas equipment and appliances）

である．

他に，関連する法として

・JIS マーク：産業標準化法
・JAS マーク：農林物資の規格化及び品質表示の適正化に関する法律
・国による消費生活用製品の安全規則（PSC マーク制度）
（PSC:Product Safety of Consumer products）

がある．

安全性

読み　あんぜんせい

英語　Safety

読み　セーフティー

要約　安全である度合い，許容できない危害が発生するリスクがないこと．

過失

読み　かしつ
英語　Negligence, Error
読み　ネグリジェンス，エラー

要約　不注意・怠慢などのためにおかした失敗・過ち．

過失責任

読み　かしつせきにん
英語　Negligence liability
読み　ネグリジェンス・ライアビリティー

要約　製品に欠陥が存在しているとき，その欠陥が原因で損害を与え，その欠陥がメーカーや販売業者の過失に起因するものであれば，メーカーや販売業者は損害賠償責任を負う．

危険責任

読み　きけんせきにん
英語　Risk responsibility, Liability for danger
読み　リスク・レスポンシビリティー，ライアビリティ・フォー・デンジャー

要約　危険を内在した製造物を製造した者がその危険が発生した場合の賠償責任を負う．
「危険を伴う活動により利益を得ている者は，その危険により発生した他人への損害について，過失の有無にかかわらず責任を負うべきである」という法理である．

厳格責任（無過失責任）

読み　げんかくせきにん（むかしつせきにん）

英語　Strict liability, Liability without fault

読み　ストリクト・ライアビリティー，ライアビリティー・ウィズアウト・フォルト

要約　製品に欠陥が存在しているとき，その欠陥がメーカーや販売業者の過失に起因したかどうかに関係なく，メーカーや販売業者は損害賠償責任を負う.

信頼責任

読み　しんらいせきにん

英語　Trust liability, Trust responsibility, Representing that company's products are safe

読み　トラスト・ライアビリティー，トラスト・レスポンサビリティー，レプリゼンティング・ザット・カンパニーズ・プロダクツ・アー・セーフ

要約　自らの製造物に対する消費者の信頼に反して，欠陥ある製造物を製造し引き渡したことを根拠として立証責任を負う.

製造物責任

読み　せいぞうぶつせきにん

英語　PL（Product Liability）

読み　ピー・エル（プロダクト・ライアビリティー）

要約　製造物の欠陥により，使用者または第三者が受けた損害に対して製造業者や販売業者が負うべき賠償責任のことである.
日本では，製造物責任法が1995年7月1日に施行された.

製造物責任対策，製造物責任予防対策

読み　せいぞうぶつせきにんたいさく，せいぞうぶつせきにんよぼうたいさく
英語　PLP（Product Liability Prevention）
読み　ピー・エル・ピー（プロダクト・ライアビリティー・プリベンテーション）

要約　製品を設計，製造，販売それぞれの段階で安全問題，安全に関わる事故が発生しないように，誤使用も含めて未然防止，発生防止対策を講じることで，製品安全対策（PS：Product Safety）と製造物責任防御（PLD：Product Liability Defence）の2つの側面がある．

製造物責任防御，製造物責任防御対策

読み　せいぞうぶつせきにんぼうぎょ，せいぞうぶつせきにんぼうぎょたいさく
英語　PLD（Product Liability Defence）
読み　ピー・エル・ディー（プロダクト・ライアビリティー・ディフェンス）

要約　製品の欠陥に基づく事故が発生した場合に，消費者からの法的責任の追及に対する対策．また，法的責任がないにもかかわらず，法的責任を負ってしまう結果となること，および，法的責任以上の過大な法的責任を負ってしまうことを防止する対策である．
管理文書，データの記録を保存して万一の訴訟に備える．また，製造物賠償責任保険など有事に対する事前対策，万一の場合に備えた体制づくりなど．

製品安全，製品安全対策

読み　せいひんあんぜん，せいひんあんぜんたいさく
英語　PS（Product Safety）
読み　ピー・エス（プロダクト・セーフティー）

要約　設計段階で安全設計（フールプルーフ化，フェールセーフ設計，冗長設計など）を徹底し，本体表示や説明書などにより，誤使用などの注意すべき事柄の表示や説明，使用時，保管時などの安全上の注意すべきことの表示などを行うこと．

絶対責任

読み　ぜったいせきにん

英語　Absolute liability

読み　アブソリュート・ライアビリティー

要約　製品を使用した結果，損害を与えたのであれば，製品に欠陥がなくとも，メーカーや販売業者は損害賠償責任を負う．

賠償責任，損害賠償責任

読み　ばいしょうせきにん，そんがいばいしょうせきにん

英語　Liability, Compensation responsibility

読み　ライアビリティー，コンペンセーション・レスポンシビリティー

要約　債務不履行や不法行為によって他人の権利・利益を侵害し，有形・無形の損害を与えた場合に生ずる損害を補塡（ほてん）する責任．

保証責任，瑕疵担保責任

読み　ほしょうせきにん，かしたんぽせきにん

英語　Warranty

読み　ワランティー

要約　購入した製造物に不具合や欠陥があり，それが使えない場合に製造者が修理したり，不具合や欠陥のない良品と交換する補償責任．民法第570条（売主の瑕疵担保責任）参照．

報償責任

読み　ほうしょうせきにん

英語　Remuneration responsibility, Reward responsibility

読み　レミュネレーション・レスポンシビリティー，リワード・レスポンシビリティー

要約　製造者が利益追求を行っており，利益を上げる過程において他人に損害を与えたことを根拠に賠償責任を負う.
特別な利益をあげる過程で，他人に損害を与えた場合に負わされる賠償責任.
「利益を得ているものが，その過程で他人に与えた損失をその利益から補填し均衡をとる」という法理である.

維持活動

読み　いじかつどう

英語　Maintenance activities, Sustain

読み　メンテナンス・アクティビティズ，サスティーン

要約　管理を大きく２つに分類すると，改善活動と維持活動に分けられ維持活動は，「良い状態を常に同じように保つための活動」でPDCAのPをSに変えてSDCAのサイクルを回すともいわれる.
PDCA，SDCAは，p.140を参照.

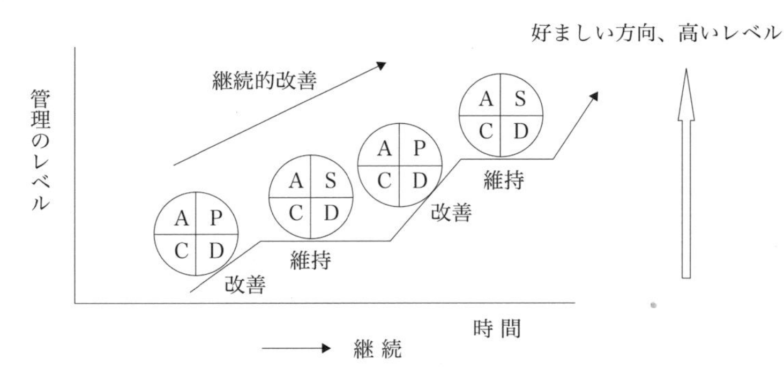

改善活動

読み　かいぜんかつどう
英語　Improvement activity
読み　インプルーブメント・アクティビティー

要約　管理を大きく2つに分類すると，改善活動と維持活動に分けられ改善活動は，「悪い状態の仕事があれば，それを良くする活動」でPDCAのサイクルを回すことともいわれる．
PDCAは，p.140参照．

因果関係

読み　いんがかんけい
英語　Causation, Cause and effect relationship, Causal relationship, Causality
読み　コーゼーション，コーズ・アンド・エフェクト・リレーションシップ，コーズ・リレーションシップ，コーザリティー

要約　原因と結果の関係．

可視化（見える化）

読み　かしか（みえるか）
英語　Visualization（MIERUKA）, Management by visualization, Identifying problems and bringing them to the foreground
読み　ビジュアライゼーション（ミエルカ），マネジメント・バイ・ビジュアライゼーション，アイデンティファイング・プロブレムズ・アンド・ブリンギング・ゼム・ツー・ザ・フォアグラウンド

要約　問題，課題などをいろいろな手段を使って明確にし，関係者全員が認識できる状態にすること．見える化する目的は，「事前に問題を起こさせないようにするため」と「問題が起きたときの解決のため」の2つである．

課題

読み かだい

英語 Future issue, New target, Task,
Difference between desired level and current level

読み フューチャー・イシュー，ニュー・ターゲット，タスク，
ディファレンス・ビットウィーン・デザイアード・レベル・アンド・カレント・レベル

要約 ありたい姿，望ましい姿と現状との差であり，新たな高い目標を掲げてそれを達成するために自らつくる問題を課題と呼ぶ．
方針管理，経営方針などで示される新たな目標，または，職場において標準，規格を逸脱することなく，潜在的な問題もない状態であっても，それに満足することなく現状打破して，新たな高い目標を掲げてそれを達成するために自らつくる問題を課題という．

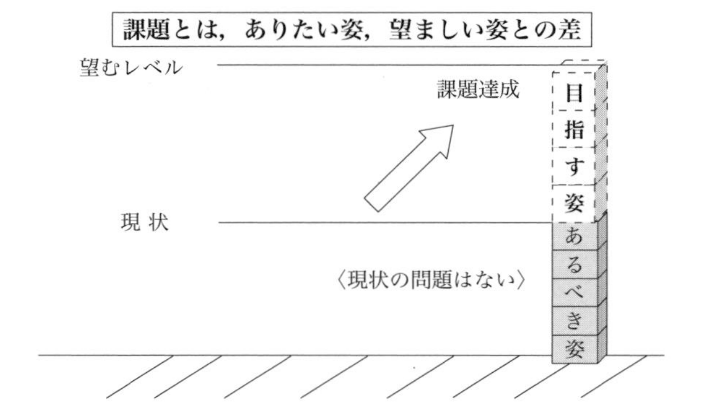

課題達成型 QC ストーリー，課題達成手順

読み かだいたっせいがたきゅーしーすとーりー，かだいたっせいてじゅん

英語 Steps to accomplish the new target, Prosess to accomplish the new target.（QC story of the new target type）

読み ステップス・ツー・アコンプリッシュ・ザ・ニュー・ターゲット，
プロセス・ツー・アコンプリッシュ・ザ・ニュー・ターゲット（キュー・シー・ストーリー・オブ・ザ・ニュー・ターゲット・タイプ）

要約 「テーマの選定」「攻め所と目標の設定」「方策の立案」「成功シナリオ（最適策）の追究」「成功シナリオ（最適策）の実施」「効果の確認」「標準化と管理の定着」の７ステップである．
著者は，これに「反省と今後の課題」を加えたい．

問題

読み もんだい
英語 Problem, Trouble
読み プロブレム，トラブル

要約 本来あるべき姿と現状との差のことであり，イメージ図の“あるべき姿”の積木が崩れている状態が問題である．

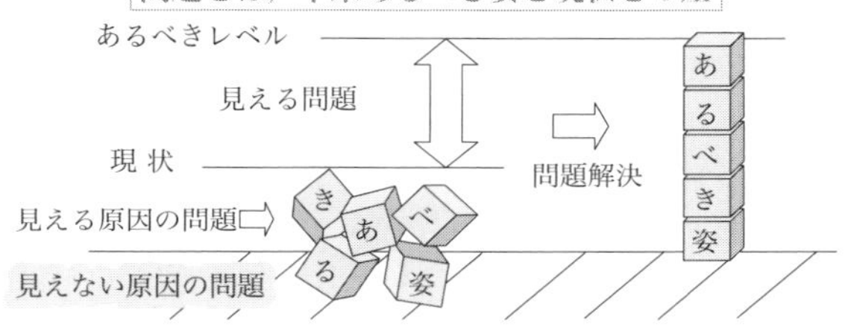

問題解決型 QC ストーリー（問題解決手順）

読み もんだいかいけつがたきゅーしいすとーりー（もんだいかいけつてじゅん）
英語 Problem solving procedure per QC stories
読み プロブレム・ソルビング・プロシージャー・パー・キュー・シー・ストーリーズ

要約 QC ストーリーの起源は，（株）小松製作所・粟津製作所（現粟津工場）で，QC サークルの活性化を図るために，QC サークル活動の成果をわかりやすく報告する手順のことを「QC ストーリー」「問題解決手順」という．
この手順は，「テーマの選定」「現状の把握と目標の設定」「活動計画の作成」「要因の解析」「対策の検討と実施」「効果の確認」「標準化と管理の定着」の 7 ステップである．
著者は，これに「反省と今後の課題」を加えたい．

改善

読み かいぜん
英語 Kaizen, Improvement and continuous improvement
読み カイゼン，インプルーブメント・アンド・コンティニュアス・インプルーブメント

要約 悪い状態があれば，それを良くする活動．
物事を良い方に改めること，そして，さらに良いものにしていくこと．
現在のやり方に満足することなくさらに好ましい状態へと向上すること．
改善は，継続的に行う継続的改善でなければならない．

頑健性

[読み] がんけんせい
[英語] Robustness
[読み] ロバストネス

[要約] ある系が応力や環境の変化といった外乱の影響によって変化することを阻止する内的な仕組み，または性質のこと．
統計手法では，用いる手法の条件または仮定が少々満たしていないようなデータにおいてもほぼ妥当な結果を得られること．

確実性

[読み] かくじつせい
[英語] Certainty, Certitude
[読み] サータンティー，サーティテュード

[要約] 確かで疑いえない，危なげのないこと．

環境配慮

[読み] かんきょうはいりょ
[英語] Environmental consciens, Environmental consideration
[読み] エンバイロメンタル・コンセンス，エンバイロメンタル・コンシィダレーション

[要約] 企業，会社，団体が産み出す品物またはサービスなどそのもの及び生み出すプロセスすべてにおいて，環境（大気，水，土地，天然資源，植物，動物，人間及びそれらの相互関係を含む組織の活動をとりまくもの）に与える有害な影響を削減することと，環境負荷を低減するための最良の方法を選択すること．

監査

読み　かんさ

英語　Audit, Inspection

読み　オーディット，インスペクション

要約　監査基準が満たされている程度を判定するために，監査証拠を収集し，それを客観的に評価するための体系的で，独立し，文書化されたプロセス.
監査対象で品質監査，製品監査に分類され，監査する組織・人によって内部監査，外部監査に分けられる.

管理

読み　かんり

英語　Control，Management

読み　コントロール，マネジメント

要約　ある目的を効果的，効率的，継続的に達成するための活動で，
〈維持・管理（狭義の管理)〉良い状態を常に同じように保つための活動と，
〈改善〉悪い状態があれば，それを良くする活動がある.
そして，管理するステップとして管理のサイクル（PDCA サイクル）がある.

管理のサイクル

読み　かんりのさいくる

英語　Management cycle, PDCA cycle, Shewhart cycle

読み　マネジメント・サイクル，ピー・ディー・シー・エー・サイクル，シューハート・サイクル

要約　次の 4 つのステップを管理のサイクルまたは PDCA サイクルと呼ぶ.
① 計画（Plan；プラン）：目的を決め，達成に必要な計画を設定する.
② 実施（Do；ドゥー）：計画通り実施する.
③ 確認（Check；チェック）：実施した結果を調べ，評価する.
④ 処置（Act；アクト）：必要により適切な処理・対策をする.

管理項目

読み　かんりこうもく

英語　Control items, Check the results, Results-based management items, Monitoring item

読み　コントロール・アイテム，チェック・ザ・リザルツ，リザルツ・ベースド・マネジメント・アイテム，モニタリング・アイテム

要約　期待通り，決められた通りの結果になっているか，規格通りの製品ができているかをチェックする項目．

① 仕事の結果としてでき上がったものをアウトプットから選ぶ．
② 最終結果だけでなく，仕事の途中でも中間特性（途中での結果）を取り上げて異常の早期発見を可能とする．
③ 品質特性だけではなく，生産量，納期，原価，安全などからも選ぶ．
④ 管理図・グラフを用いてチェックする．

目標の達成を管理するために評価尺度として設定した項目．方策の達成度を管理するために，評価尺度として設定した項目は，点検項目または要因系管理項目と呼ばれることがある．

管理項目は，部門または個人の担当する業務について，目標または計画通りに実施されているかを判断し，必要な処置をとるために定められることもある．

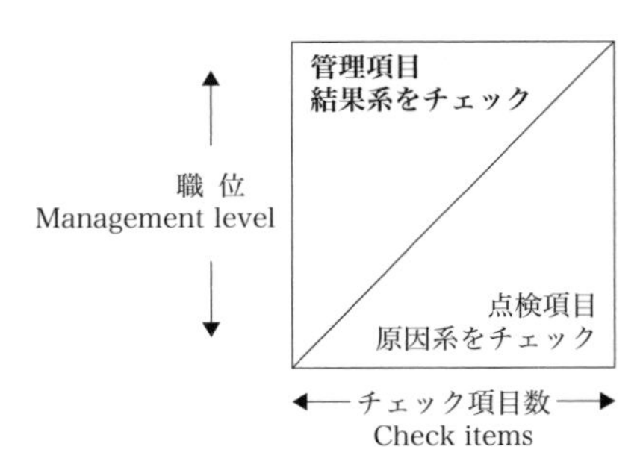

点検項目

読み　てんけんこうもく

英語　Check item, Process check, Factor-based management item

読み　チェック・アイテム，プロセス・チェック，ファクター・ベースド・マネジメント・アイテム

管理項目
結果系をチェック
職位
Management level
点検項目
原因系をチェック
チェック項目数
Check items

要約　指示したことが指示通り行われているか，決めたことが決めた通り行われているかについてチェックする項目で点検点，要因系管理項目とも呼ばれる．

仕事のでき栄えや製品品質のばらつきとなる原因となるものから選ぶ．

管理点

[読み] かんりてん

[英語] Control point, Management point

[読み] コントロール・ポイント，マネジメント・ポイント

[要約] 管理のサイクルをまわして現場を進めて行くなかでチェックにあたるのが管理点，管理項目である．
仕事のやり方（原因系）をチェックするときに取り上げる項目を点検点，仕事のでき栄え（結果系）をチェックするときに取り上げる項目を管理項目といい，両方をあわせて管理点という．

機能

[読み] きのう

[英語] Function

[読み] ファンクション

[要約] 物・組織，構成する個々の部分などのはたらき，役割のこと．

機能型組織

[読み] きのうがたそしき

[英語] Function-oriented organization

[読み] ファンクション・オリエンテッド・オーガナイゼーション

[要約] 組織のもつ機能を部門別に分類し，各プロジェクトに対して，それぞれの部門から適切な人材を割り当て，プロジェクトを実施する．「機能型組織」は，プロジェクトのために特別なグループを割り当てるわけではないため，プロジェクトそれぞれの独立性が弱いが，各々の部門で専門性の高い人材を育成することが容易である．

機能別委員会

読み　きのうべついいんかい

英語　Cross-functional management committee, Committee by function

読み　クロス・ファンクショナル・マネジメント・コミッティー，
コミッティー・バイ・ファンクション

要約　機能別管理の運営には多くの部門がかかわってくる．組織全体の活動の改善をその一構成部門が行うのは一般的に困難であり，部門を越えた委員会によって行うのがよい．
これは，本来トップマネジメントの職務であるが，機能別委員会はこれを代行するものである．

機能別管理

読み　きのうべつかんり

英語　Cross-functional management, Functional management

読み　クロス・ファンクショナル・マネジメント，ファンクショナル・マネジメント

要約　組織を運営管理するうえで基本となる要素（例えば，品質，コスト，量，納期，安全，人材育成，環境など）について，各々の要素ごとに部門横断的なマネジメントシステムを構築し，当該要素に責任をもつ委員会などを設けることによって総合的に運営管理し，組織全体で目的を達成していくことである．

業務分掌

読み　しょくむぶんしょう

英語　Segregation Of Duties（SOD), Division of duties

読み　セグリゲーション・オブ・デュティーズ（エス・オー・ディー），
デビィジョン・オブ・デュティーズ

要約　組織においてそれぞれの職務が果たすべき責任，すなわち，職責を果たすうえで必要な権限を明確にするために，職務ごとの役割を整理・配分して文章化することである．簡単に言い換えれば，それぞれの職場の業務内容を示したものである．

経営資源

読み　けいえいしげん
英語　Management resources, Corporate resources
読み　マネジメント・リソーシズ，コーポレート・リソーシズ

要約　人・物・金・時間・情報・技術

結果系の質

読み　けっかけいのしつ
英語　Quality of the results
読み　クォリティー・オブ・ザ・リザルツ

要約　各職場における仕事，業務，作業の結果として作り出される製品やサービスなどの質のことで，品質特性，目標値，規格，計画，予算，売上，利益，費用，損失など．

継続的改善

読み　けいぞくてきかいぜん
英語　Continuous Improvement, Spiral up
読み　コンティニュアス・インプルーブメント，スパイラル・アップ

要約　管理のサイクル（PDCA サイクル：p.140参照）を繰り返し回すことによって管理レベルを，好ましい方向へ，高いレベルへ高めて行く活動で，スパイラル・アップともいわれる．
維持活動の図中の継続的改善を参照（p.180参照）

顕在問題

読み けんざいもんだい

英語 Tangible, Explicit-problem

読み タンジブル，エクスプリシットープロブレム

要約 見える問題，現れた問題，発生した問題

原因系の質

読み げんいんけいのしつ

英語 Quality of the cause, Quality of the process

読み クォリティー・オブ・ザ・コーズ，クォリティー・オブ・ザ・プロセス

要約 仕事（活動）のやり方の質，プロセスの質であり，人，物，設備，設計技術，生産技術，作業環境，動力，エネルギー，などである．

源流管理（川上管理）

読み げんりゅうかんり（かわかみかんり）

英語 Up-stream management, Source stream management

読み アップ・ストリーム・マネジメント，ソース・ストリーム・マネジメント

要約 問題発生を防ぐためにその原因の源流にさかのぼって対策をとる考え方で，設計・開発から製造，販売の製品ライフサイクルのなるべく源流（川上）で品質やコストの作りこみを行うこと．

現場診断

読み　げんばしんだん

英語　On-site diagnosis, On-site inspection, On-site audit, Actual spot diagnosis, Actual spot inspection, Actual spot audit, Actual field diagnosis, Actual field inspection, Actual field audit

読み　オン・サイト・ダイアグノーシス，オン・サイト・インスペクション，オン・サイト・オーディット，アクチュアル・スポット・ダイアグノーシス，アクチュアル・スポット・インスペクション，アクチュアル・スポット・オーディット，アクチュアル・フィールド・ダイアグノーシス，アクチュアル・フィールド・インスペクション，アクチュアル・フィールド・オーディット

要約　現場診断とは，現場で総合的品質管理の結果系と要因系の運営管理状況を評価する活動である．

（注記１）現場診断では，組織の上位者と現場の責任者とのコミュニケーションを通じて，現場で行われている活動に関する情報を収集して，指導が行われる．

（注記２）現場診断は，学習（教える，教えられる）の機会である．

（注記３）現場診断は，改善のきっかけとすることで総合的品質管理の改善活動につながる．

固有技術

読み　こゆうぎじゅつ

英語　Intrinsic technology, Own technology

読み　イントリンジック・テクノロジー，オウン・テクノロジー

要約　ものを作ったり，サービスを提供したりするときに必要なそれぞれの専門技術．例えば，設計開発技術や製品加工技術などの技術である．

顧客価値

読み　こきゃくかち
英語　Customer value
読み　カスタマー・バリュー

要約　製品・サービスを通して，顧客が認識する価値で，組織・事業者側が顧客に対して提供する製品価値やサービス価値，人材価値，イメージ価値のことである．

顧客価値創造

読み　こきゃくかちそうぞう
英語　Customer value creation
読み　カスタマー・バリュー・クリエーション

要約　顧客価値を創造しこれを継続するために，組織は市場のニーズの多様化，技術革新など組織を取り巻く事業・環境の変化を迅速に察知し，対応することが必要である．

顧客関係性管理

読み　こきゃくかんけいせいかんり
英語　CRM（Customer Relationship Management）
読み　カスタマー・リレーションシップ・マネジメント（シー・アール・エム）

要約　商品やサービスを提供する会社が，顧客との間に親密な信頼関係を作り，購入してくれた顧客をリピーターに，リピーターからファンになるような活動を行い，顧客と会社の相互利益を向上させることを目指す総合的な経営手法である．

顧客重視

読み　こきゃくじゅうし

英語　Customer focus

読み　カスタマー・フォーカス

要約　品質マネジメントの主眼は，顧客の要求事項を満たすこと，および期待を超える努力をすることにある．(品質マネジメントの7原則「JIS Q 9000：2015：品質マネジメントシステム－要求事項」の原則1である．

顧客指向

読み　こきゃくしこう

英語　Customer oriented, Customer orientation

読み　カスタマー・オリエンテッド，カスタマー・オリエンテーション

要約　消費者指向，顧客指向，消費者志向，顧客志向ともいわれ，発想の起点を消費者に求める考え方で，「お客様目線」「顧客満足」を考えお客様の要求，要望，期待に応えること．
顧客は，消費者，使用者も含めた表現であり，消費者はConsumer（コンシューマー），User（ユーザー）と訳されるが，Customer（カスタマー）は，Consumer と User も含められる．

五大任務

読み　ごだいにんむ

英語　Five main duties, Five main tasks

読み　ファイブ・メイン・デューティズ，ファイブ・メイン・タスクス

要約　品質管理（Q：Quality），原価管理（C：Cost），納期管理（D：Delivery），安全管理（S：Safety），モラールの管理（人材育成）（M：Morale）．

互換性

[読み] ごかんせい

[英語] Compatibility, Interchangeability

[読み] コンパティビリティー，インターチェンジアビリティー

[要約] 互いに置き換えても，同じ要求事項を満たすことができる能力．

互恵関係

[読み] ごけいかんけい

[英語] Reciprocity relationship, Reciprocal relationship, Mutually beneficial relationship

[読み] レジプロシティー・リレーションシップ，レシプロカル・リレーションシップ，ミューチュアリー・ベネフィシャル・リレーションシップ

[要約] 互いに利益を得る，または利益を与え合う関係のこと．互恵的な関係．ISO 9000〈JIS Q 9000：2006〉の8つの品質マネジメントの原則の原則8に，「供給者との互恵関係：組織及びその供給者は相互に依存しており，両者の互恵関係は両者の価値創造能力を高める」となっていた．

後工程

[読み] あとこうてい

[英語] Next process, Post process

[読み] ネクスト・プロセス，ポスト・プロセス

[要約] 自分の後に控えている次の工程の仕事のことであり，自分の仕事の結果（自分の仕事のアウトプット）で影響を受けるすべての工程，仕事に携わる人．

後工程はお客様

[読み] あとこうていはおきゃくさま

[英語] The next process are our customers,
The post process is customer oriented

[読み] ザ・ネクスト・プロセス・アー・アワー・カスタマーズ,
ザ・ポスト・プロセス・イズ・カスタマー・オリエンティッド

[要約] お客様というとお金を払って品物やサービスなどを購入される人と考えるのが一般的である．しかし，日本の品質管理では，自分以外は誰もがお客様であるという考え方をする．言い換えれば，仕事の結果に影響を受ける人はすべてお客様と考える．

工程 FMEA

[読み] こうていえふえむいーえい

[英語] PFMEA（Process Failure Mode and Effect Analysis）

[読み] ピー・エフ・エム・イー・エー（プロセス・フェイリアー・モード・アンド・エフェクト・アナリシス）

[要約] 工程故障モード影響解析：FMEA は，信頼性手法の製品設計における信頼性の評価，安全性解析などで活用されている．これを工程（プロセス）の設計・改善などに用いて，プロセス要素（人，材料，設備，方法，環境など）の故障を想定してその影響を解析する手法である．

工程異常

[読み] こうていいじょう

[英語] Out-of-Control process, Abnormal process

[読み] アウト・オブ・コントロール・プロセス，アブノーマル・プロセス

[要約] 工程が技術的・経済的に好ましい水準における安定状態にないこと．工程が見逃せない原因によって通常とは異なった状況になること．

工程解析

読み　こうていかいせき

英語　Process analysis

読み　プロセス・アナリシス

要約　工程の維持向上，改善及び革新に繋げる目的で特性値を明確にして，工程を構成する要因を把握し，QC七つ道具，新QC七つ道具をはじめとして，統計手法を活用して特性値に影響を及ぼす要因を探り出し，その因果関係を把握することである．

工程能力

読み　こうていのうりょく

英語　Process capability

読み　プロセス・ケイパビリティー

要約　工程（プロセス）の質的な能力を表す．要求事項に対してばらつきが小さい製品・サービスを提供することができる能力のことで，これを比率で表した数値指標を，工程能力指数と呼び，記号 C_{p} で表される．
C_{p} は，p.35参照．

工程能力調査

読み　こうていのうりょくちょうさ

英語　Process capability survey,
Process capability investigation

読み　プロセス・ケイパビリティー・サーベイ，
プロセス・ケイパビリティー・インベスティゲーション

要約　工程から品物をサンプリングして品質特性を測って，その規格値と比較した工程能力指数を求めて，工程が均一な製品を作る能力があるかどうかの評価を行うことである．

工程分析

読み こうていぶんせき
英語 Process analysis
読み プロセス・アナリシス

要約 生産対象物が製品になる過程，作業者の作業活動，運搬過程を系統的に，対象に適合した図記号で表して調査・分析する手法．
（備考） 生産対象物に変化を与える過程を工程図記号 （JIS Z 8206）で系統的に示した図を工程図という．この図を構成する個々の工程は，形状性質に変化を与える加工工程と，位置に変化を与える運搬工程，数量または品質の基準に対する合否を判定する検査工程，貯蔵または滞留の状態を表す停滞工程とに大別される．

恒久対策

読み こうきゅうたいさく
英語 Permanent measures
読み パーマネント・メジャーズ

要約 根本対策，恒久対策，是正処置と再発防止対策のことである．
異常，不具合，不適合などの真の原因を追究して，そのもとになった事柄に対して徹底した対策をすること．そして，同じ原因で二度と問題が発生しないようにしくみの変更，改善と基準化，標準化，水平展開も忘れてはならない．

合致性

読み がっちせい
英語 Conformity match
読み コンフォーミティー・マッチ

要約 ぴったり合うことで，一致すること．

再現性

読み さいげんせい
英語 Reproducibility
読み レプロデューシビリティー

要約 実験計画での実験，市場不良の再現テストなどにおいて，同一条件で繰り返し行ったときに同じ結果が得られること，事象が再現すること．

仕事の質（仕事の品質）

読み しごとのしつ（しごとのひんしつ）
英語 Quality of work
読み クォリティー・オブ・ワーク

要約 仕事の結果の質そのもの，仕事のやり方，仕事のスピード，仕事の周囲との関係（後工程はお客様の考え方）などである．また，日本発の5S〈整理，整頓，清掃，清潔，躾（しつけ)〉も仕事の質の基本事項の１つである．

仕事の進め方

読み しごとのすすめかた
英語 How to proceed work
読み ハウ・ツー・プロシード・ワーク

要約 仕事の進め方の基本は，P（仕事の計画を立てる），D（その計画に基づいて実施する），C（実施した結果を確認する），A（確認した結果で計画との差があればそのことに対して処置・対策する）の４つのステップ（管理のサイクル）を回すことである．

使用品質

読み　しようひんしつ
英語　Usage quality
読み　ユーセイジ・クォリティー

要約　お客様が実際に使ったときの品質.

資材管理

読み　しざいかんり
英語　Materials management
読み　マテリアルズ・マネジメント

要約　所定の品質の資材を必要とするときに必要量だけ適正な価格で調達し，要求元へタイムリーに供給するための管理活動である.
（備考）資材管理を効果的に実施するためには，資材計画（材料計画），購買管理，外注管理，在庫管理，倉庫管理，包装管理及び物管理を的確に推進する必要がある.

事実に基づく管理（事実に基づく活動）（事実管理）

読み　じじつにもとづくかんり（じじつにもとづくかつどう）（じじつかんり）
英語　Fact control, Management based on facts, Factual management
読み　ファクト・コントロール，マネジメント・ベースド・オン・ファクツ，ファクチュアル・マネジメント

要約　「事実に基づく管理」「データでものをいう」ことであり，データ・事実に基づくことの重要性をあらわすこと.
ISO9000（JIS Q 9000：2006）の８つの品質マネジメントの原則７で「意思決定への事実に基づくアプローチ（Factual approach to decision making)」とされていた.

社会的責任

読み　しゃかいてきせきにん
英語　SR（Social Responsibility）
読み　エス・アール（ソーシャル・レスポンサビリティー）

要約　社会的責任
組織の決定及び活動が社会及び環境に及ぼす影響に対して，次のような透明，かつ倫理的な行動を通じて組織が担う責任.
—健康及び社会の福祉を含む持続可能な発展に貢献する.
—ステークホルダーの期待に配慮する.
—関連法令を遵守し，国際行動規範と整合している.
—その組織全体に統合され，その組織の関係のなかで実践される.

社会的品質

読み　しゃかいてきひんしつ
英語　Social quality
読み　ソーシャル・クオリティー

要約　「市場適性に基づく品質」，「第二次品質」ともいわれる.
製品の生産および使用の際に発生する騒音，振動，廃棄物などが第三者あるいは社会・環境にもたらす影響の程度.
（注記１）第三者とは，供給者と顧客以外の不特定多数を指す.
（注記２）社会的品質は，品質要素の１つである.
（注記３）社会的品質には，環境保全性，倫理性などが含まれる.

狩野モデル

読み　かのうもでる
英語　Kano model
読み　カノウ・モデル

要約　狩野紀昭博士（p.247参照）が1984年に発表した顧客の求める品質をモデル化したもの．
魅力的品質要素：それが充足されれば満足を与えるが，不充足であっても仕方がないと受けとられる品質要素．
一元的品質要素：それが充足されれば満足，不充足であれば不満を引き起こす品質要素．
当たり前品質要素：それが充足されれば当たり前と受け止められるが，不充足であれば不満を引き起こす品質要素．
無関心品質要素：充足でも不充足でも，満足も与えず不満も引き起こさない品質要素．
逆品質要素：充足されているのに不満を引き起こしたり，不充足であるのに満足を与えたりする品質要素．

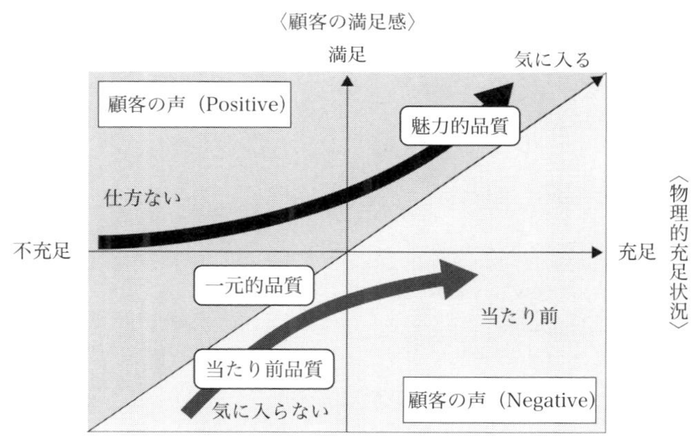

重点指向

読み　じゅうてんしこう
英語　Priority approach
読み　プライオリティー・アプローチ

要約　パレート指向ともいわれ，重要な問題，重点問題，重点項目は何であるかを明確にして，それに着眼して，的を絞り込んで取り組むことである．
問題が色々あってもよく整理してみると，本当に重要な問題はごくわずかなのである．この考え方は，パレートの原理（p.43参照）に基づく．

初期流動管理

読み　しょきりゅうどうかんり

英語　Initiation control, Initial production control,
Initial production process control,
Early stage (start-up) instability control

読み　イニシエーション・コントロール，イニシャル・プロダクション・コントロール，
イニシャル・プロダクション・プロセス・コントロール，
アーリー・ステージ（スタート・アップ）インスタビリティー・コントロール

要約　新製品・サービスの販売開始後または新プロセスの導入後の一定期間，収集する品質情報の量・質を上げ，製品・サービスに関する問題を早期に顕在化させ，検出された問題に対する是正処置を迅速に行うための特別な組織的活動.
（注記）製品・サービスの有効性の確認は，製品・サービスの所期目標の達成状況を確認することである.

商品企画七つ道具

読み　しょうひんきかくななつどうぐ

英語　P 7（Planning seven tools）

読み　ピー・セブン（プラニング・セブン・ツールズ）

要約　（財）日本科学技術連盟の研究グループが，商品企画の際に役立つ手法を，既存の手法の中から七つを選び出し整理したものの総称である.
1995年の発表時点では，グループインタビュー，アンケート調査，ポジショニング分析，発想チェックリスト，表形式発想法，コンジョイント分析，品質表であった．これが2000年に改定されて，インタビュー調査（グループインタビュー，評価グリッド法），アンケート調査，ポジショニング分析，アイデア発想法（アナロジー発想法，焦点発想法，チェックリスト発想法，シーズ発想法），アイデア選択法〈重み付け評価法，一対比較評価法（AHP）〉，コンジョイント分析，品質表となった.

新製品開発管理

[読み] しんせいひんかいはつかんり

[英語] Design and development control (management) of new product (first article)

[読み] デザイン・アンド・ディベロップメント・コントロール（マネジメント）・オブ・ニュー・プロダクト（ファースト・アーティクル）

[要約] 新製品・サービスに関わる活動を効果的かつ効率的に行うためのプロセスを定め，実施し，問題があれば改善および／または革新して，次の新製品・サービスの開発に活かす一連の活動.

（注記１）新製品開発管理の目的は，顧客・社会のニーズの充足と組織のもっているシーズ（技術など）の活用・革新を同時に達成することである.

（注記２）新製品・サービスに関わる活動には，市場調査，企画，設計，提供プロセスの計画・設計，提供プロセスの実施，初期流動管理，開発後の新製品開発プロセスの見直しなどが含まれる.

診断

[読み] しんだん

[英語] Diagnosis, Audit, Inspection

[読み] ダイアグノーシス，オーディット，インスペクション

[要約] 物事の実情を調べて，その適正や欠陥の有無などを判断すること，医者が患者を診断するように，組織のマネジメントシステムの運営管理状態が良いのか，悪いのかを現場で，現物を，現実に基づいて評価し，何が効果的に働いているのか，何が問題になっているのかを抽出し，改善すべき要素を抽出し，指導を行うことである.

人間性尊重

読み　にんげんせいそんちょう

英語　Respect for humanity, Human nature respect,
Respect for human nature

読み　レスペクト・フォー・ヒューマニティー，ヒューマン・ネーチャー・レスペクト，
レスペクト・フォー・ヒューマン・ネーチャー

要約　働く人に負荷をかけるのではなく，働く人を尊重し，主体となる取り組みをして，すべての人と関連する職場及び企業全体のパフォーマンスの向上をはかること．

人材育成

読み　じんざいいくせい

英語　Manpower development

読み　マンパワー・ディベロップメント

要約　顧客・社会のニーズを満たす製品・サービスを効果的かつ効率的に達成するうえで必要な価値観，知識及び技能を育成すること．さらに，単に教育，訓練といった狭義の活動ではなく，主体性，自立性をもった人間としての一般的能力の向上をはかること．

生産性

読み　せいさんせい

英語　Productivity

読み　プロダクティビティー

要約　生産の効率を示す指標で「インプット」と「アウトプット」の比で表される．

製品ライフサイクル

読み せいひんらいふさいくる
英語 Product life cycle
読み プロダクト・ライフ・サイクル

要約 製品が開発され市場に出てから衰退するまでのサイクルで次の4つの段階に分けられる.
①導入期（市場開発期），②成長期，③成熟期，④衰退期

製品監査

読み せいひんかんさ
英語 Product audit
読み プロダクト・オーディット

要約 製品・サービスが，要求事項を満たしているかを顧客の視点で確認する活動である.

設計品質

読み せっけいひんしつ
英語 Quality of design, Design quality
読み クォリティー・オブ・デザイン，デザイン・クォリティー

要約 ねらいの品質ともいわれ，要求品質を正しく把握して，それを実現することを意図とした品質.
設計品質は，お客様の要求品質，使用品質を調査し品物の使用段階での機能（はたらき）を計測できる特性と使用者の感性で評価・判断される官能特性を品質規格，仕様書などで規定できるように代用特性に置き換えて，品物をねらい通り製造できるように，4Mとの関連も考慮して工程設計も含めて行う.

設備管理

読み せつびかんり

英語 Equipment and apparatus management

読み イクイップメント・アンド・アパレイタス・マネジメント

要約 設備の計画，設計，製作，調達から運用，保全をへて廃却・再利用に至るまで，設備を効率的に活用するための管理.

（備考）計画には，投資，開発・設計，配置，更新・補充についての検討，調達仕様の決定などが含まれる.

先入先出（先入先出法）

読み さきいれさきだし（さきいれさきだしほう）

英語 FIFO（First In, First Out）

読み エフ・アイ・エフ・オー（ファースト・イン，ファースト・アウト）

要約 商品，製品，原材料，仕掛品等の在庫管理において先に仕入れたものを先に出庫する方法.

潜在問題

読み せんざいもんだい

英語 Latent problem, Potential problem

読み レイテント・プロブレム，ポテンシャル・プロブレム

要約 表面に見えない，隠れた，埋もれている問題.

潜在トラブルの顕在化

読み せんざいとらぶるのけんざいか

英語 Reveal latent problems, Actualize latent problems,
Detecting latent problems

読み リヴィアル・レイテント・プロブレムズ，アクチュアライズ・レイテント・プロブレムズ，
ディテクティング・レイテント・プロブレムズ

要約 表面に見えない，隠れた，埋もれている問題，トラブルを見える形，誰でもわかる形・状態にすること．

前工程

読み まえこうてい

英語 Previous process,
Pre-process

読み プリビアス・プロセス，
プリ・プロセス

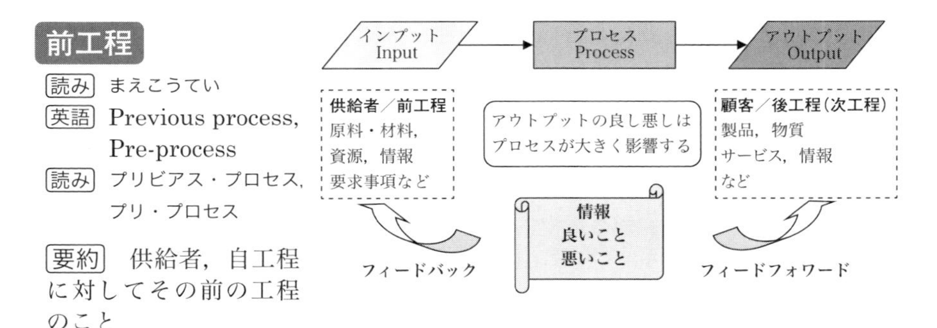

要約 供給者，自工程に対してその前の工程のこと．
仕事の流れを考えたとき「前工程」→「自工程」→「次工程」となる．

全員参加

読み ぜんいんさんか

英語 Full participation, Participation by all the members

読み フル・パーティシペーション，パーティシペーション・バイ・オール・ザ・メンバーズ

要約 ある目的をもった集団が，その集団の構成する全部門のすべての人が，集団の目的を達成するための行動をとることである．
組織の全構成員が，組織における自らの役割を認識し，組織目標の達成のための活動に積極的に参画し，寄与すること．

全社的品質管理，総合的品質管理

読み　ぜんしゃてきひんしつかんり，そうごうてきひんしつかんり
英語　Company-Wide Quality Control (CWQC), Total Quality Control (TQC)
読み　カンパニー・ワイド・クォリティー・コントロール（シー・ダブリュー・キュー・シー），トータル・クォリティー・コントロール（ティー・キュー・シー）

要約　品質管理を効果的に実施するためには，市場の調査，研究・開発，製品の企画，設計，生産準備，購買・外注，製造，検査，販売およびアフターサービスならびに財務，人事，教育など企業活動の全段階にわたり，経営者をはじめ管理者，監督者，作業者など企業の全員参加と協力が必要である．このようにして実施される品質管理を全社的品質管理（Company-Wide Quality Control，略してCWQC）または総合的品質管理（Total Quality Control，略してTQC）という．

全部門

読み　ぜんぶもん
英語　All fields, All categories , All departments, All Divisions
読み　オール・フィールド，オール・カテゴリーズ，オール・デパートメンツ，オール・デビジョンス

要約　企業，会社，組織の規模によっても区分は異なるが，企画，開発，研究，設計，技術，製造，購買，営業，総務などのすべての職場，すべての部門と関連会社，協力会社，仕入先も含み，全員とは，経営者すなわち，トップから，部長，課長，係長，社員までの全階層の社員，派遣，パート，アルバイトなど関係する人すべてを指す．

多元的

読み　たげんてき
英語　Pluralism, Multiverse
読み　プルアラリズム，マルティバース

要約　物事の要素・根源がいくつもあること．
考えや事物のもととなる立場・要素が多くあること．

多様化

読み　たようか

英語　Diversified, Diversification

読み　ダイバーシファイド，ダイバーシフィケーション

要約　様式・傾向が，さまざまに分かれること．

多様性

読み　たようせい

英語　Diversification, Divergence, Diversity

読み　ダイバーシフィケーション，ダイバージェンス，ダイバーシティー

要約　ニーズとの合致を評価．
さまざまなものがあり，変化に富むこと．
さまざまな様式や種類に分かれる性質．

妥当性

読み　だとうせい

英語　Validity

読み　バリディティー

要約　意図された用途または適用において，製品・サービス，プロセスまたはシステムがニーズを満たしていること．

妥当性確認

読み　だとうせいかくにん

英語　Validation

読み　バリデーション

要約　意図された用途または適用において，製品・サービス，プロセスまたはシステムがニーズを満たしていることを，客観的証拠によって確認すること．ニーズとの合致の評価・確認が妥当性の確認で，規定要求事項に対する合致を確認することが検証という．

ニーズ → 規定要求事項 → 設計 → 設計のアウトプット → 製品・サービス、プロセス、システム

検証

妥当性確認

代用特性

読み　だいようとくせい

英語　Substitute properties, Substitute characteristics, Substitutional characteristics

読み　サブスティチュート・プロパティーズ，サブスティチュート・キャラクタリスティクス，サブスティチューショナル・キャラクタリスティクス

要約　測定することが困難な品質特性を，別の測定可能な特性に置き換えた特性．

第三者

読み　だいさんしゃ

英語　Third party disinterested person

読み　サード・パーティーディスインタレスティッド・パーソン

要約　一般的に顧客，関連会社，仕入先・供給者などその組織，会社など認証される側との利害関係がない公正・中立な外部の独立機関で，消費者団体，監督機関などがある．

第三者適合性評価活動

読み　だいさんしゃてきごうせいひょうかかつどう
英語　Thirdparty conformity assessment activity
読み　サードパーティー・コンフォーミティー・アセスメント・アクティビティー

要約　対象を提供する人または組織，およびその対象についての使用者側の利害をもつ人，または組織の双方から独立した，人または機関によって実施される適合性評価活動.

第三者認証制度

読み　だいさんしゃにんしょうせいど
英語　Third party certification system
読み　サード・パーティー・サーティフィケーション・システム

要約　供給者が証明書，マークなどで規格および取締技術基準に適合していると証明することを第三者機関である認証機関が認める制度.

地球環境保全

読み　ちきゅうかんきょうほぜん
英語　Global environmental conservation
読み　グローバル・エンバイロンメンタル・コンサベーション

要約　地球環境を保護して安全にすることで，オゾン層の破壊，酸性雨，地球の温暖化，水・森林などの資源枯渇，砂漠化，空気・海洋の汚染，廃棄物など，地球環境問題（Global environmental issues）の世界的な対応が急がれている.

調査

読み　ちょうさ
英語　Survey
読み　サーベイ

要約　事を明らかにするために調べること．
ある事象の実態や動向の究明を目的として物事を調べること．

適切性

読み　てきせつせい
英語　Suitability, appropriateness, fitness, adequacy
読み　スータビリティ，アプロープリアネス，フィットネス，アデクァシー

要約　目的・要求などにぴったり合っていること．ふさわしいこと．
適合性，一貫性，整合性，合致性，妥当性などを包括して用いられる場合と，言い換えて用いられている．

適合性

読み　てきごうせい
英語　Adaptability, Conformity
読み　アダプタビリティー，コンフォミティー

要約　要求事項及び仕様にどれだけ合致しているか？　どれだけ適合しているか？の度合い．

点検

読み　てんけん

英語　Check inspection

読み　チェック・インスペクション

要約　1つ1つ試験・検査すること，○○点検，点検○○といった表現で色々と意味をもたして使われる．
計測管理における点検は，修正が必要であるか否かを知るために，測定標準を用いて測定値の誤差を求め，修正限界との比較を行う．

内部監査

読み　ないぶかんさ

英語　Internal audit

読み　インターナル・オーディット

要約　監査基準が満たされている程度を判定するために，監査証拠を収集し，それを客観的に評価するための体系的で，独立し，文書化されたプロセス．
内部監査は，第一者監査と呼ばれることもあり，マネジメントレビュー及びその他の内部目的のために，その組織自体または代理人によって行われ，その組織の適合を宣言するための基礎とされる．

日常管理

読み　にちじょうかんり

英語　Daily management, Daily control

読み　デイリー・マネジメント，デイリー・コントロール

要約　組織のそれぞれの部門において，日常的に実施されなければならない分掌業務について，その業務目的を効率的に達成するために必要なすべての活動．
方針によるマネジメントでカバーできない通常の業務について，各々の部門が各々の役割を確実に果たすことができるようにするための活動．

納期

読み　のうき
英語　Delivery
読み　デリバリー

要約　品物，サービスなどを納める時期・期限.

販売

読み　はんばい
英語　Sale
読み　セール

要約　品物，サービスなどを売ること.

品質

読み　ひんしつ
英語　Quality
読み　クオリティー

要約　品質とは,「品物またはサービスが，使用目的を満たしているかどうかを決定するための評価の対象となる固有の性質・性能の全体」である.
さらに，品物またはサービスが，使用目的を満たしているかどうかを決定するための判定をする際にその品物またはサービスが社会に及ぼす影響についても考慮する必要がある.

品質管理

読み ひんしつかんり

英語 QC（Quality Control）

読み キュー・シー（クォリティー・コントロール）

要約 買い手の要求に合った品質の品物またはサービスを経済的に作り出すための手段の体系をいい，品質要求事項を満たすことに焦点を合わせた品質マネジメントの一部である．
言い換えれば，品質管理とは，もっとも経済的な，もっとも役に立つ，そして，買い手が満足して買ってくれる品質の製品またはサービスなどを開発し，設計し，生産し，販売し，販売後のサービスすることを会社全体として行うことである．

品質マネジメント

読み ひんしつまねじめんと

英語 Quality management

読み クォリティー・マネジメント

要約 品質に関して顧客・社会のニーズを満たす，製品・サービスの品質・質を効果的かつ効率的に達成するために組織を指揮し，管理するための調整された活動．

（注記１）品質管理の目的は，明示された，または暗黙のニーズを満たすことである．

（注記２）明示された，または暗黙のニーズは，製品・サービスの安全性，信頼性，操作性，環境保全性，経済性などの多岐にわたる．

（注記３）製品・サービスの品質・質では，使用者，見込み客，ターゲット市場，社会を考慮する．

（注記４）品質マネジメントには，品質方針及び品質目標の設定，品質計画，品質保証，品質管理，及び品質改善を通じてこれらの品質目標を達成するためのプロセスが含まれる．

品質マネジメントシステム

読み ひんしつまねじめんとしすてむ

英語 Quality management systems

読み クォリティー・マネジメントシステム

要約 「品質に関する方針及び目標を定め，その目標を達成するための相互に関連するまたは相互に作用する個々の要素および／またはプロセスがつながったもの」．

品質監査

[読み] ひんしつかんさ
[英語] Quality audit
[読み] クォリティー・オーディット

[要約] 顧客・社会のニーズを満たすことが確実に達成できるかを確認し，実証するために，組織が行う体系的活動が適切に行われているかを確認する活動である．

品質管理教育

[読み] ひんしつかんりきょういく
[英語] Quality control education / training
Quality management education / training
[読み] クォリティー・コントロール・エデュケーション / トレーニング
クォリティー・マネジメント・エデュケーション / トレーニング

[要約] 顧客・社会のニーズを満たす製品・サービスを効果的かつ効率的に達成するうえで必要な価値観，知識及び技能を組織の構成員が身につけるための，体系的な人材育成の活動．

品質展開

[読み] ひんしつてんかい
[英語] Quality deployment
[読み] クォリティー・デプロイメント

[要約] 要求品質を品質特性に変換し，製品の設計品質を定め，各機能部品，個々の構成部品の品質，および工程の要素に展開する方法．
関連する手法 QFD（品質機能展開）は，p.47参照．

品質規格

読み ひんしつきかく

英語 Quality standard, Quality specification

読み クォリティー・スタンダード，クォリティー・スペシフィケーション

要約 品質要求事項を具体的・技術的について定めた取り決めのこと．

品質経営

読み ひんしつけいえい

英語 Quality management

読み クォリティー・マネジメント

要約 品質の基本である顧客視点に基づいた企業運営，経営を行うことである．TQM 活動を導入した経営も品質経営である（TQM は総合的品質管理であるが，総合的品質経営ともいわれる）．

品質月間

読み ひんしつげっかん

英語 Quality month

読み クォリティー・マンス

要約 毎年11月に行われる品質管理の普及啓蒙運動で，一般財団法人日本科学技術連盟，一般財団法人日本規格協会，日本商工会議所の主催で実施されている．

品質水準

読み　ひんしつすいじゅん

英語　Quality level

読み　クォリティー・レベル

要約　品質・質のよさを表す値または範囲，例えば，品質特性が温度であれば，10 ℃，20 ℃といった温度の値が水準となる．

品質第一，品質第一主義，品質至上，品質優先

読み　ひんしつだいいち，ひんしつだいいちしゅぎ，ひんしつしじょう，ひんしつゆうせん

英語　Quality first

読み　クォリティー・ファースト

要約　売上，利益，生産性よりもまずは品質を第一としての活動・業務の遂行をするといった考え方．

品質特性

読み　ひんしつとくせい

英語　Quality characteristic

読み　クォリティー・キャラクタリスティック

要約　機能，性能，意匠，感性品質，使用性，互換性，入手性，経済性，信頼性，安全性，環境保全性などの品質要素（Quality element）を客観的に評価するための性質（定量的・定性的，連続・非連続なもの）である．

品質標準

読み ひんしつひょうじゅん

英語 Quality standard

読み クォリティー・スタンダード

要約 品質に関する標準で，作業標準，業務標準，標準部品，設計標準などの総称.

品質は，p.214参照.
標準は，p.128参照.

品質保証

読み ひんしつほしょう

英語 QA（Quality Assurance）

読み キュー・エー（クォリティー・アシュアランス）

要約 消費者の要求する品質が十分に満たされていることを保証するために，生産者が行う体系的活動である.

品質保証体系図

読み ひんしつほしょうたいけいず

英語 Quality assurance system diagram

読み クォリティー・アシュアランス・システム・ダイアグラム

要約 製品企画から販売，アフターサービスにいたるまでの開発ステップを縦軸にとり，品質保証に関連する設計，製造，販売，品質管理などの部門を横軸にとって，製品が企画されてから顧客に使用されるまでのステップのどの段階でどの部門が品質保証に関する活動を行うのかを示した体系図.

品質方針

[読み] ひんしつほうしん
[英語] Quality policy
[読み] クォリティー・ポリシー

[要約] トップマネジメントによって正式に表明された品質・質に関する組織の全体的な意図及び方向付け.
品質は，p.214参照.
方針は，p.224参照.

品質目標

[読み] ひんしつもくひょう
[英語] Quality target
[読み] クォリティー・ターゲット

[要約] 品質に関する目標.

通常，組織の品質方針に基づいた目的を達成するための具体的な数値（数量，期間など）である.
品質は，p.214参照.
目標は，p.229参照.

品質要素

[読み] ひんしつようそ
[英語] Quality element / factor
[読み] クォリティー・エレメント / ファクター

[要約] 品質・質を構成している様々な性質をその内容によって分解し項目化したもので品質項目ともいう.

部門別管理

読み ぶもんべつかんり

英語 Individual department management
Internal department management

読み インディヴィデュアル・デパートメント・マネジメント
インターナル・デパートメント・マネジメント

要約 それぞれの部門がその担当する業務を行うための管理を部門別管理と表現され，日常管理と同意である．
方針によるマネジメントでカバーできない通常の業務について，各々の部門が各々の役割を確実に果たすことができるようにするための活動である．

変化点

読み へんかてん

英語 Changing point
Variation point, Changes

読み チェンジング・ポイント
バリエーション・ポイント，チェンジ

要約 製品や作業状態，特に5Mなど要因系に変化があった時点のこと．

変化点管理

読み へんかてんかんり

英語 Management of variation points
Change point management

読み マネジメント・オブ・バリエーション・ポインツ
チェンジ・ポイント・マネジメント

要約 事故や問題発生の流出防止及び予防するために，製品や作業状態に変化があったときに集中して監視する考え方，プロセスおよびその相互関係を迅速にかつ敏感に察知し，問題の発生を予防することを「変化点管理」と呼ぶ．

変更管理

読み　へんこうかんり
英語　Management of changes
　　　Modification management
読み　マネジメント・オブ・チェンジ
　　　モディフィケーション・マネジメント

要約　製品・サービスの仕様，設備，工程，材料・部品，作業者などに関する変更を行う場合，変更に伴う問題を未然に防止するために，変更の明確化，評価，承認，文書化，実行，確認を行い，必要な場合には処置を取る一連の活動．
（注記１）変更の明確化とは，変更の対象・内容・範囲・時期などを明らかにし，識別することである．
（注記２）変更の評価とは，変更の目的が達成されているか，他に悪い影響を与えないかどうかを確認することである．

保守（保全）

読み　ほしゅ（ほぜん）
英語　Maintenance
読み　メンテナンス

要約　アイテムを使用および運用可能状態に維持し，または故障，欠点などを回復するためのすべての処置及び活動．整備ともいう．

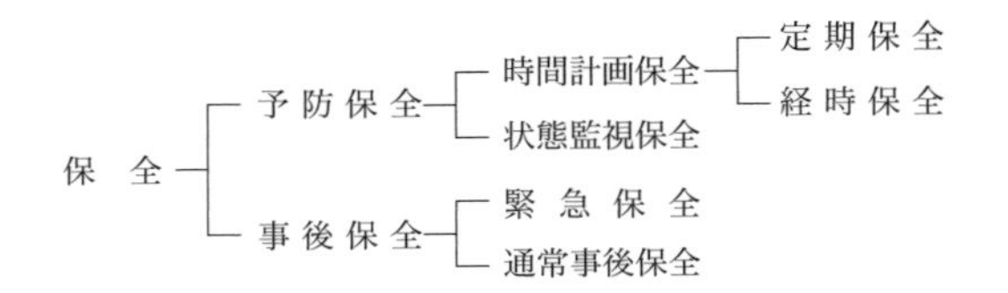

保証

読み　ほしょう
英語　Assurance
読み　アシュアランス

要約　大丈夫だ，確かだと請け合うこと．その人物や物事は確かで間違いがないと請け合うこと．間違いが生じたら責任をとること．

保障

読み ほしょう
英語 Security
読み セキュリティー

要約 ある状態が損なわれることのないように，保護し守ること．責任をもって安全を請け合い，一定の地位や状態を保護すること．

補償

読み ほしょう
英語 Compensation
読み コンペンセーション

要約 補い償うこと．損失などを埋め合わせること．損害賠償として，財産や健康上の損失を金銭で償うこと．身体面・精神面において人より劣っていると意識されたことを補おうとする心の働き．

保証の網（QA ネットワーク）

読み ほしょうのあみ（きゅー・えー・ねっとわーく）
英語 Quality Assurance network
読み クォリティー・アシュアランス・ネットワーク

要約 QFD を組織，プロセスに対して導入，活用したツールである．
生産段階で用いる QA ネットワークは，設計品質を確保するために特定された製品の保証項目と，その製品を製造する要素作業毎の工程との関係を，二元表で表示して，保証項目に対する工程の保証レベルを，発生・流出の両面からランク評価する．

方策

読み　ほうさく
英語　Means
読み　ミーンズ

要約　目標を達成するために，選ばれる手段.

方針

読み　ほうしん
英語　Policy
読み　ポリシー

要約　トップマネジメントによって正式に表明された組織の使命，理念およびビジョン，または中長期経営計画の達成に関する組織の全体的な意図および方向付け.
方針によるマネジメントを総称して方針管理という.

方針のすり合わせ

読み　ほうしんのすりあわせ
英語　Policy coordination
読み　ポリシー・コーディネーション

要約　方針に基づいて，組織の関係者が調整し，上位の重点課題，目標および方策と下位の重点課題，目標および方策が一貫性をもったものにする活動.

方針の策定

読み ほうしんのさくてい
英語 Policy creation
読み ポリシー・クリエーション

要約 方針，またはそれを具体化した重点課題，目標及び方策を考えて決めること．

方針の展開

読み ほうしんのてんかい
英語 Policy deployment
読み ポリシー・デプロイメント

要約 方針に基づく，上位の重点課題，目標および方策と下位の重点課題，目標および方策への展開．

方針管理

読み ほうしんかんり
英語 Policy control
Policy management
読み ポリシー・コントロール
ポリシー・マネジメント

要約 方針によるマネジメントを総称して方針管理という．
方針管理は，組織の使命・理念・ビジョンに基づき出された方針（重点課題，目標，方策）を基に，全部門・全階層の参加のもとでPDCA（Plan-Do-Check-Act）を回し，目的・目標を達成する活動である．

目的志向

読み　もくてきしこう
英語　Goal oriented
読み　ゴール・オリエンテッド

要約　目的志向は，得る，達成する，手に入れる，こうなりたい，などの目的やその結果得られるプラスの感情に対して，強く動機づけされる．方針管理，問題解決，課題達成など品質管理活動は，目標・目的をかかげて，その目標を達成するための活動なので，目的志向である．ゆえに，品質管理の実践は，成功，成長を導いている．

無形効果

読み　むけいこうか
英語　Intangible effects
読み　インタンジブル・エフェクツ

要約　「目に見えない効果」，「データで表現できない効果」で，意識，知識，チームワークなどに着眼し，アンケート，自己評価，資格などで表す．

有形効果

読み　ゆうけいこうか
英語　Tangible effect
読み　タンジブル・エフェクト

要約　「データで表すことができる効果」，「目に見える効果」である．目標との比較，改善前と改善後の比較では，同じ物差し，同じ指標で対象範囲（期間，評価のために用いた数量）を同じにすることが大切である．

有効性

読み　ゆうこうせい
英語　Effectiveness
読み　エフェクティブネス

要約　計画した活動が実行され，計画した結果が達成された程度.

予防処理

読み　よぼうしょり
英語　Corrective action
読み　コレクティブ・アクション

要約　起こりうる不適合またはその他の望ましくない起こりうる状況の原因を除去するための処置.

（注記１）起こりうる不適合の原因は，１つ以上のことがあり得る.
（注記２）是正処置は再発を防止するために取るのに対し，予防処置は発生を未然に防止するために取る.

要因解析

読み　よういんかいせき
英語　Factor analysis
Root cause analysis
読み　ファクター・アナリシス
ルート・コーズ・アナリシス

要約　原因と結果の因果関係，「因」と「果」との論理的関係を明らかにして真の原因の究明をすること.

要求品質

読み　ようきゅうひんしつ

英語　Required quality
　　　Quality requirement

読み　リクァイアード・クォリティー
　　　クォリティー・リクァイアメント

要約　お客様がこうあってほしいと希望している品質.

要素

読み　ようそ

英語　Factor
　　　Element

読み　ファクター
　　　エレメント

要約　ものの元（元素），成分のこと，集合を構成する１つ１つの元.

両立性

読み　りょうりつせい

英語　Compatibility

読み　コンパティビリティー

要約　２つのことが成立すること，複数の事柄が成り立つこと.
異なる物事を導入し混在しても，矛盾なく和合・共存・両立ができる性質.

目的

読み　もくてき
英語　Purpose
Aim
Objectives
読み　パーパス
エイム
オブジェクティブズ

要約　実現しようと目指す事柄，行動の狙いで，最終的に到達する１つの目あてであって目標に比べて長期的なこともあり，客観的，抽象的な事柄であっても見失わないように，明確に定めておかなければならない．

目標

読み　もくひょう
英語　Target
Goals
読み　ターゲット
ゴール

要約　目標は，目的を達成するための目印・道標であって，目指す地点・数値・数量など，主観的で具体的な手段であり，目的達成の過程であり１つの目的に対して多くの具体的な目標を設けることで目的の達成が可能となる．

3

人名

アブラハム・ド・モアブル (1667–1754)

読み　あぶらはむ・ど・もあぶる
英語　Abraham De Moivre
国名　フランス

業績　２項分布の極限を正規曲線で近似できることを発見.
主な業績としてド・モアブルの定理を証明したことが知られている．また負の２項分布，（２項分布の極限としての）正規分布，今日スターリングの公式として知られる近似式なども彼の研究成果である.

アブラハム・ハロルド・マズロー (1908–1970)

読み　あぶらはむ・はろるど・まずろー
英語　Abraham Harold Maslow
国名　アメリカ

業績　マズローの欲求段階説
マズローの５段階（Maslow's Hierarchy of Needs）
　第１段階　生理的欲求（Physiological needs）
　第２段階　安全・安定の欲求（Safety-security needs）
　第３段階　所属・愛情欲求 / 社会的欲求（Belongingness-love needs）
　第４段階　自我・尊厳の欲求（Esteem needs）
　第５段階　自己実現の欲求（Self-actualization needs）

アレックス・ファイクニー・オズボーン（1888–1966）

読み　あれっくす・ふぁいくにー・おずぼーん

英語　Alex Faickney Osborn

国名　アメリカ

業績　ブレーン・ストーミングという会議手法を考案

ブレーンストーミング（BS:Brainstorming）４つのルール

① 批判禁止（Withhold criticism）：発言を批判したり，ほめたりしない.

② 自由奔放（Welcome wild ideas）：どんな発言も取り上げる.

③ 量を多く（Go for quantity）：量は質を呼ぶ，発言は多いほどよい.

④ 便乗歓迎（Combine and improve ideas）：他人のアイディアに便乗，結合は新しいアイディアを生む.

オズボーンのチェックリスト法

（1）転用（Other uses?）：他に使い道はないか？　新しい使い道はないか？

（2）応用（Adapt?）：他からのアイディアはないか？　何か真似はできないか？

（3）変更（Modify?）：変えたらどうか？　動き，形状，色，音，匂いを変えられないか？

（4）拡大（Magnify?）：拡大できないか？　大きく，高く，強く，厚くできないか？

（5）縮小（Minify?）：縮小できないか？　小さく，軽く，弱く，短くできないか？

（6）代用（Substitute?）：代用できないか？　材料を，方法を，動力を代用できないか？

（7）置換（Rearrange?）：入れ替えては？　ペースを変えては？　配置をかえてはどうか？

（8）逆転（Reverse?）：逆にしてはどうか？　前後，上下，左右，順序を逆にしてはどうか？

（9）結合（Combine?）：組み合わせたらどうか？　合体してはどうか？

アレクサンダー・マクファーレン・ムード (1913–2009)

[読み] あれきさんだー・えむ・むーど
[英語] Alexander McFarlane Mood
[国名] アメリカ

[業績] アメリカの数学統計学者で，多くの学歴と専門職，米国政府の役職も務め多くの著書もあり，そのなかの1つで紹介されたノンパラメトリックの検定が「ムードの検定（ムッドの検定）」と呼ばれている．

アーマンド・ボーリン・ファイゲンバウム (1922–2014)

[読み] あーまんど・ぼーりん・ふぁいげんばうむ
[英語] Armand Vallin Feigenbaum
[国名] アメリカ

[業績] TQC を1950年代に GE（General Electric）の品質管理部長だった A. V. ファイゲンバウムが提唱した．「最も経済的な水準で，顧客を十分に満足させるような製品を生産するために，企業の各部門が品質の開発・維持・改良していく努力を総合的に調整していくこと」としている．
日本の TQC の特徴は，現場の QC サークルを中心とした全員参加型の活動にある．A. V. ファイゲンバウムの TQC が「製品提供の全プロセスで総合的・調整的に品質管理を行う」という点がポイントであったことに対して，日本で実践される過程で TQC は独自の発展を遂げた．こうした活動の結果， A. V. ファイゲンバウムが提唱した「全プロセス型 TQC」とは異なる．
TQC は，当初アメリカのファイゲンバウム（A.V. Feigenbaum）により提唱された言葉で，ファイゲンバウムによれば，と提唱した．
彼は次のように述べています．「トータルの品質管理は，組織内のさまざまなグループの品質開発，品質維持，品質向上の取り組みを統合して，顧客満足度を最大限に高める最も経済的なレベルでの生産とサービスを可能にする効果的なシステムである．」
“Total quality control is an effective system for integrating the quality development, quality maintenance, and quality improvement efforts of the various groups in an organization so as to enable production and service at the most economical levels which allow full customer satisfaction.”

カール・フリードリヒ・ガウス ヨハン・カール・フリードリヒ・ガウス (1777-1855)

読み かーる・ふりーどりひ・がうす
よはん・かーる・ふりーどりひ・がうす
英語 Carolus Fridericus Gauss
Johann Carl Friedrich Gauß
国名 ドイツ

業績 19世紀最大の数学者で，最小二乗法を発見，代数学の基本定理を証明，ガウス分布（正規分布），ガウスの定理・ガウスの法則・ガウス（磁束密度の単位）・ガウス単位系などにちなんでいるとおりである．

チャールズ・エドワード・スピアマン (1863-1945)

読み ちゃーるず・エドワード・すぴあまん
英語 Charles Edward Spearman
国名 イギリス

業績 イギリスの心理学者で統計学の分野でも因子分析の開発者として，「スピアマンの順位相関係数」の開発をしたのでこの係数を用いた相関検定をスピアマンの検定とも呼ばれている．

ダグラス・マレイ・マクレガー (1906-1964)

読み だぐらす・まれい・まくれがー
英語 Douglas Murray McGregor
国名 アメリカ

業績 マクレガーのX理論Y理論，XY理論
X理論は，「人間は生来怠け者で，強制されたり命令されなければ仕事をしない」とする考え方で，「アメとムチ」によるマネジメント手法となる．
Y理論は，「生まれながらに嫌いということはなく，条件次第で責任を受け入れ，自ら進んで責任を取ろうとする」考え方で，「機会を与える」マネジメント手法となる．

エルンスト・ハルマー・ワロッディ・ワイブル (1887-1979)

読み えるんすと・はるまー・わろっでぃ・わいぶる
英語 Ernst Hjalmar Waloddi Weibull
国名 スウェーデン

業績 1939年に確率論と統計学における材料の強度，疲労，破壊強度の分布に関する論文を発表，この分布はワイブル分布と呼ばれ，信頼性のもっとも代表的な分布となっている．

フランシス・ゴルトン (1822-1911)

読み ふらんしすこ・ごるとん
英語 Francis Galton
国名 イギリス

業績 相関分析の概念を見出した．進化論で知られるチャールズ・ダーウィンが従兄．カール・ピアソン（p.240参照）の指導者である．

フランシス・ジョン・フランク・アンスコム (1918-2001)

読み ふらんしす・じょん・ふらんく・あんすこむ
英語 Francis John “Frank” Anscombe
国名 アメリカ

業績 アンスコムの例（Anscombe’s quartet）あるいはアンスコムの数値例とは，回帰分析において，散布図はそれぞれ異なるのに回帰直線やその他の統計量が同じになってしまう現象について，統計学者のフランク・アンスコム（英語版）が1973年に紹介した例である．回帰分析をする前に散布図を確認し傾向を把握することの重要性，そして外れ値が統計量に与える影響の大きさを示している．
(Anscombe, Francis J.（1973）統計分析におけるグラフ．アメリカ統計学会，27, 17-21.）

フランク・ウィルコクソン (1892–1965)

読み ふらんく・ういるこくそん

英語 Frank Wilcoxon

国名 アメリカ

業績 アメリカの化学者および統計学者であり，いくつかの統計的検定の開発をしてその中で「ウィルコクソンの符号順位検定」，「ウィルコクソンの順位和検定」がノンパラメトリック法の代表的な検定として用いられている．

フリードリッヒ・ロバート・ヘルメルト (1843–1917)

読み ふりーどりっひ・ろばーと・へるめると

英語 Friedrich Robert Helmert

国名 ドイツ

業績 χ^2分布（カイ２乗分布：カイにじょうぶんぷ，カイじじょうぶんぷ）を発見．

ジェフリー・ワトソン (1921–1998)

読み じぇふりー・わしんとん

英語 Geoffrey Watson

国名 オーストラリア

業績 回帰分析の残差（予測誤差）解析での自己相関を検出するための Durbin-Watson 統計量を James Durbin（p.239参照）とで開発した．

ハロルド・フレンチ・ダッジ (1893–1976)

[読み] はろるど・ふれんち・だっじ
[英語] Harold French Dodge
[国名] アメリカ

[業績]　1941年にBell研究所のダッジとロミングで抜取検査表を完成させた．米国試験材料学会はハロルド・ダッジの記憶をハロルド・ダッジ賞で賞賛している．

ハリー・ギュテリアズ・ロミング (1900–不明)

[読み] はりー・ぎゅてりあず・ろみんぐ
[英語] Harry Gutelius Romig
[国名] アメリカ

[業績]　1941年にBell研究所のダッジとロミングで抜取検査表を完成させた．ASQ（アメリカ品質管理学会）の創設メンバーである．

ハーバート・ウィリアム・ハインリッヒ (1886–1962)

[読み] はーばーと・うぃりあむ・はいんりっひ
[英語] Herbert William Heinrich
[国名] アメリカ

[業績]　ハインリッヒの法則（Heinrich's law），「１：29：300の法則」：予防管理・労働災害の防止の考え方で，1929年11月19日に発表された論文で，１つの重大事故の背後には29の軽微な事故があり，その背景には300の異常が存在するということで「ハインリッヒの災害トライアングル定理」または「傷害四角錐」とも呼ばれる．

ヘンリー・ローレンス・ガント (1862-1919)

読み へんりー・ろーれんす・がんと
英語 Henry Laurence Gant
国名 アメリカ

業績　アメリカ合衆国の機械工学者で経営コンサルタント．ガントチャートの考案者でガントチャートは考案者に因んだものである．

ジェームズ・ダービン (1923-2012)

読み じぇーむず・だーびん
英語 James Durbin
国名 イギリス

業績　回帰分析の残差（予測誤差）解析での自己相関を検出するためのDurbin-Watson 統計量を Geoffrey Watson（p.237参照）とで開発した．

ジョセフ・モーゼス・ジュラン (1904-2008)

読み じょせふ・もーぜす・じゅらん
英語 J.M. Juran
Joseph Moses Juran
国名 アメリカ
業績　1951年に『品質管理ハンドブック』(Quality Control Handbook) を発表し，この本によって品質問題の権威としての名声が確立され，1954年に日本科学技術連盟の招きにより日本で一連の講演を行った．講義で披露された彼の思想は，『現状打破の経営哲学―新時代の管理者像 』(Managerial Breakthrough) として1964年に刊行されている．

ジョン・マッカーシー (1927-2011)

読み　じょん・まっかーしー
英語　John McCarthy
国名　アメリカ

業績　スタンフォード大学でコンピュータ科学者としてタイムシェアリングを開発し，LISP（プログラミング言語でフォートラン（FORTRAN）に次いで2番目に古い）を発明し，人工知能の分野を創設した．
人工知能（AI：Artificial Intelligence）という用語は，1956年のダートマス会議でジョン・マッカーシーが提案したものである．

カール・ピアソン (1857-1936)

読み　かーる・ぴあそん
英語　Karl Pearson
国名　イギリス

業績　ピアソンのカイ2乗検定，相関と相関係数（ピアソンの積率相関係数），一般に扱われ相関係数と呼ばれているのが，ピアソンの積率相関係数（Pearson product-moment correlation coefficient）である．

ローレンス・デロス・マイルズ (1904-1985)

読み　ろーれんす・でろす・まいるず
英語　Lawrence Delos Miles
国名　アメリカ

業績　VE（Value Engineering：バリューエンジニアリング）の母体となるVA（Value Analysis：価値分析）の開発者．

モーリス・ケンドール (1907–1983)

読み　もーりす・けんどーる
英語　Maurice Kendall
国名　イギリス

業績　イギリスの統計学者でケンドールの順位相関係数の開発者で，この係数は，「ケンドールの順位相関係数」，「ケンドールのタウ係数」と呼ばれている．

ミルトン・フリードマン (1912–2006)

読み　みるとん・ふりーどまん
英語　Milton Friedman
国名　アメリカ

業績　アメリカの経済学者で，ノンパラメトリック統計手法のフリードマン検定の開発者で名前にちなんでフリードマン検定と呼ばれている．
ジョン・ベイツクラークメダル（1951），ノーベル経済科学賞（1976），国家科学メダル（1988）・大統領自由勲章（1988）を受賞している．

ピーター・ファーディナンド・ドラッカー (1909–2005)

読み　ぴーたー・ふぁーでぃなんど・どらっかー
英語　Peter Ferdinand Drucker
国名　オーストリア，ドイツ，イギリス，アメリカ

業績　「マネジメントの父」とも呼ばれる経営学の第一人者．
マーケティングとは販売と異なる概念であるとし，〔マーケティングは顧客の現実，欲求，価値観から出発する．「わが社が売りたいものは何か」ではなく，「顧客が買いたいと思うのは何か」と問うもの〕としているのが「ザ・プラクティス・オブ・マネジメント」で，「現代の経営」と訳されたなかに「企業の目的は，顧客の創造にあり，企業活動は，利潤よりも，顧客満足を目的とする」という記述がある．

ピエール・シモン・ド・ラプラス (1749–1827)

読み　ぴえーる・しもん・ど・らぷらす
英語　Pierre Simon de Laplace
国名　フランス

業績　「確率論の解析理論」の著者
ラプラス変換の基盤をつくり，ラプラス変換，ラプラシアン（ラプラス作用素），ラプラス方程式などにちなんでいる．
ラプラス変換は，計算手順を覚えることにより，代数計算と変換公式を使って微分方程式が解ける計算方法である．

ルネ・デカルト (1596–1650)

読み　るね・でかると
英語　René Descartes
国名　フランス

業績　「我思う，ゆえに我あり」は，『方法序説』の中で提唱した命題である．
思考の原理，４つの規則
① 明証性の規則：真であると認めたもの（真実・事実）以外を受け入れない．
② 分析の規則：考える問題をできるだけ小さい部分に分けること（層別）．
③ 総合の規則：最も単純なものから始めて複雑なものに達すること．
④ 枚挙・吟味の規則：何も見落とさなかったか，すべてを見直すこと．

サタースウェイト (生没年不明)

読み　さたーすうぇいと
英語　Satterthwaite
　　　F.E. Satterthwaite
国名　アメリカ

業績　"分散成分の推定値の近似分布." バイオメトリクス・ブリテン 2：110–114.
Satterthwaite, F. E. (1946), "An Approximate Distribution of Estimates of Variance Components.", Biometrics Bulletin 2: 110–114, doi:10. 2307/30020.
サタースウェイトの式（p.54参照）の考案者でその論文が上記である．

シメオン・ドニ・ポアソン (1781-1840)

読み しめおん・どに・ぽあそん

英語 Siméon Denis Poisson

国名 フランス

業績 1837年に確率論の論文（ある期間中に発生する不連続な発生数を数える特定の確率変数に焦点を当てることによって導かれた理論）で発表された．これに基づく分布をポアソン分布と呼んでいる．

サー・ロナルド・エイルマー・フィッシャー (1890-1962)

読み さー・ろなるど・えいるまー・ふぃっしゃー

英語 Sir Ronald Aylmer Fisher

国名 イギリス

業績 F分布を1924年に発表し，分散分析，実験計画の基礎となっている．「フィッシャーの分散分析」「Fisher's ANOVA（Fisher's analysis of variance）」とも呼ばれる．
実験計画の３原則（フィッシャーの３原則）は，「反復（Replication）の原理」「無作為化（Randomization）の原理」「局所管理（Local control）の原理」である．

ヴィルフレド・フレデリコ・ダマソ・パレート (1848-1923)

読み ぶぃるふれど・ぱれーと
ぶぃるふれど・ふれでりこ・だまそ・ぱれーと

英語 Vilfredo Pareto
Vilfredo Frederico Damaso Pareto

国名 イタリア

業績 所得曲線に関する法則「一般に特に重要なものは，2－3項目（上位20％）で，これらの合計が全体の半数以上（80％近く）を占めることが多い．（これを20-80, 2-8の法則，パレートの原理という）」として発表した．

ウォルター・アンドリュー・シューハート (1891–1967)

読み　しゅーはーと
うぉるたー・あんどりゅー・しゅーはーと

英語　W.A. Shewhart
Walter Andrew Shewhart

国名　アメリカ

業績　管理図の考案者であり，管理図は，シューハート管理図とも呼ばれる．
アメリカのBell研究所で1924年に管理図を考案し，1933年に米国材料試験協会（ASTM）で採用され，第二次世界大戦におけるアメリカの標準規格Z1. 1-1941，Z1. 2-1941，Z1. 3-1942の策定に貢献した．

ウィリアム・エドワーズ・デミング (1900–1993)

読み　でみんぐ
うぃりあむ・えどわーず・でみんぐ

英語　W.E. Deming
William Edwards Deming

国名　アメリカ

業績　日本の戦後1946年頃からの経済復興，産業界への品質経営に関する大きな影響を与えた．
(財) 日本科学技術連盟はデミングの友情と業績を永く記念するため，その印税を基金とし，デミング賞を創設した．
アメリカ国内では，ほとんど無名だったが，1980年，NBCがIf Japan can... Why can't we? というドキュメンタリーを放送し，アメリカ国内でも脚光を浴びることとなった．
デミングの提唱する「重要な知識のシステムの要素（Componentsof the system of profound knowledg）
①ばらつきに関する知識（Knowledge about variation）
②理論・原理の知識（Theory of knowledge）
③システムの理解・評価（Appreciation for a system）
④心理学（個人，グループ，社会と変化の心理）Psychology（psychology of individuals, groups, society and change）
他にデミングの14のポイントがある．(p.249参照)

バーナード・ルイス・ウエルチ (1911–1989)

読み うぇるち
ばーなーど・るいす・うぇるち
英語 Welch
Bernard Lewis Welch
国名 イギリス

業績 Welch の t 検定の考案者
Welch, B. L. (1947), "The generalization of "student's" problem when several different population variances are involved.", Biometrika 34: 28-35.

ウィリアム・ヘンリー（ビル）クラスカル (1919–2005)

読み ういりあむ・へんりー（びる）くらすかる
英語 William Henry (Bill) Kruskal
国名 アメリカ

業績 アメリカの数学者および統計学者．ノンパラメトリック統計手法のクラスカル・ウォリス検定をウィルソン・アレン・ウォリスと共に定式化したので，名前にちなんでクラスカル・ウォリス検定（一元配置分析）と呼ばれている．

ウィリアム・シーリー・ゴセット (1876–1937)

読み うぃりあむ・しーりー・ごせっと
英語 William Sealy Gosset
国名 イギリス

業績 スチューデント（Student）というペンネームで論文を発表したので，「スチューデント（Student）の t 分布」と呼ばれることもある．
（論文の発表をペンネームで行ったのは，ゴセットが当時働いていたギネスビール社では，企業秘密の問題から社員が論文を出すことを禁止していたからともいわれている）t 分布は $\phi=\infty$ で正規分布と同じ値となる．

ウィルソン・アレン・ウォリス (1912–1998)

読み　うぃるそん・あれん・うぉりす
英語　Wilson Allen Wallis
国名　アメリカ

業績　アメリカの経済学者および統計学者で，ノンパラメトリック統計手法のクラスカル・ウォリス検定をウィリアム・ヘンリー（ビル）クラスカルと共に定式化したので名前にちなんでクラスカル・ウォリス検定（一元配置分析）と呼ばれている．

石川馨 (1915–1989)

読み　いしかわかおる
国名　日本

業績　日本の品質管理の先駆者，QC サークル活動の生みの親．
特性要因図（Ishikawa Diagram, Fishbone Diagram, Cause and Effect Diagram,）の考案者．
「石川馨先生生誕100年記念事業」の一環として「QC サークル推進 石川馨賞」が創設された．

伊奈正夫 (1923–2009)

読み　いなまさお
国名　日本

業績　有効反復数を求める伊奈の式の考案者．

狩野紀昭 (1940–)

読み　かのうのりあき

国名　日本

業績　1984年に顧客の求める品質をモデル化したもの「狩野モデル」を発表.

川喜田二郎 (1920–2009)

読み　かわきたじろう

国名　日本

業績　KJ 法開発者（KJ 法は，N 7 の親和図法の基となる手法である）
新和図法は， KJ 法とほぼ同じであるが， KJ 法は川喜田研究所の登録商標であるので，N 7 では新和図法と呼んで発表された.

千住鎮雄 (1923–2000)

読み　せんじゅしずお

国名　日本

業績　経済分析の手法として考案された「管理指標間の連関分析の説明図」を問題解決図法に発展させたものがN 7 の連関図法である.

田口玄一 (1924-2012)

[読み] たぐちげんいち

[国名] 日本

[業績] 有効反復数を求める田口の式の考案者．品質工学・タグチメソッドの考案者．

林知巳夫 (1918-2002)

[読み] はやしちきお

[国名] 日本

[業績] 日本独自の多次元データ分析法で，数量化理論にはⅠ類，Ⅱ類，Ⅲ類，Ⅳ類，Ⅴ類，Ⅵ類までの6つの方法があるが，現在，Ⅰ類からⅣ類までがよく知られている．
質的データをダミー変換 して多変量解析をできるようにする方法である．

デミングの14ポイント

日本の品質管理への大きな功績があるデミングも1980年にNBCで放映された“If Japan can, Why can't we?”に出演するまでは無名であった．しかし，この番組の放映以降デミングセミナーが開かれ，アメリカでの彼の功績は偉大なるものとなった．

そのセミナーの中でのデミングの14ポイントを下記に示す．

1．Create constancy of purpose for improving products and services.
製品とサービスを改善・向上させる不変な目的を創れ．（会社の社是，経営理念）

2．Adopt the new philosophy.
新しい考え方を導入すること．

3．Cease dependence on inspection to achieve quality.
品質目標達成のための検査依存は止めよ． → プロセス重視，TQC，TQMでの品質の作りこみ．

4．End the practice of awarding business on price alone; instead, minimize total cost by working with a single supplier.
価格だけでの仕事（業者の選定など）の決定は止めて価格と品質の総合した判断を行うこと．

5．Improve constantly and forever every process for planning, production and service.
全てのプロセス（計画〈企画〉，設計，製造からサービスに至るすべて）における改善を限りなく継続的に行うこと．

6．Institute training on the job.
OJT（職務中の教育訓練）を導入すること．（制度化せよ）

7．Adopt and institute leadership.
リーダーシップの考え方を取り入れよ．

8．Drive out fear.
不安を取り除くこと．

9．Break down barriers between staff areas.
スタッフ間（部門間）の壁を取り除くこと． → 全員経営 TQC，TQM

10．Eliminate slogans, exhortations and targets for the workforce.
スローガン，勧告，数値目標などノルマをなくせ．

11．Eliminate numerical quotas for the workforce and numerical goals for management.
労働力と管理のための数値目標および割り当てをしないこと．

12．Remove barriers that rob people of pride of workmanship, and eliminate the annual rating or merit system.
時間給作業員から技量のプライドを奪わないこと．

13．Institute a vigorous program of education and self-improvement for everyone.
積極的な教育プログラムを実施すること．

14．Put everybody in the company to work accomplishing the transformation.
変革・変化，改革を達成するために全員でやり遂げること．

4

記号・計算の基本

4－1　数値の略し方（Abbreviate Numbers）

累乗	記号	読み方（接頭語）	漢数字	数値
10^{24}	Y	ヨタ（yotta）	一秭（じょ）	1 000 000 000 000 000 000 000 000
10^{21}	Z	ゼタ（zetta）	十垓（がい）	1 000 000 000 000 000 000 000
10^{18}	E	エクサ（exa）	百京（きょう）	1 000 000 000 000 000 000
10^{15}	P	ペタ（peta）	千兆（ちょう）	1 000 000 000 000 000
10^{12}	T	テラ（tera）	一兆（ちょう）	1 000 000 000 000
10^{9}	G	ギガ（giga）	十億（おく）	1 000 000 000
10^{6}	M	メガ（mega）	百万	1 000 000
10^{3}	k	キロ（kilo）	千	1 000
10^{2}	h	ヘクト（hecto）	百	100
10^{1}	da	デカ（deca, deka）	十	10
10^{0}	−	――――	一	1
10^{-1}	d	デシ（deci）	一分	0.1
10^{-2}	c	センチ（centi）	一厘（りん）	0.01
10^{-3}	m	ミリ（milli）	一毛（もう）	0.001
10^{-6}	μ	マイクロ（micro）	一微（び）	0.000 001
10^{-9}	n	ナノ（nano）	一塵（じん）	0.000 000 001
10^{-12}	p	ピコ（pico）	一漠（ばく）	0.000 000 000 001
10^{-15}	f	フェムト（femto）	一須臾（しゅゆ）	0.000 000 000 000 001
10^{-18}	a	アト（atto）	一刹那（せつな）	0.000 000 000 000 000 001
10^{-21}	z	ゼプト（zepto）	一清浄（しょうじょう）	0.000 000 000 000 000 000 001
10^{-24}	y	ヨクト（yocto）	一涅槃寂静（ねはんじゃくじょう）	0.000 000 000 000 000 000 000 001

4－2　ギリシャ文字（Greek alphabet）

CAP 大文字	lower 小文字	Sound 読み方	Name of the letter アルファベット表記	Typically meaning 一般的な意味
Α	α	アルファ	alpha	第1種の過誤の確率，有意水準，回帰モデルの切片
Β	β	ベータ	beta	第2種の過誤の確率，偏回帰係数，ベータ関数（大文字）
Γ	γ	ガンマ	gamma	ガンマ関数（大文字）
Δ	δ	デルタ	delta	変化量（大文字），差
Ε	ε	イプシロン（エプシロン）	epsilon	回帰モデルの誤差項
Ζ	ζ	ゼータ（ツェータ）	dzeta，zeta	
Η	η	エータ（イータ）	eta	相関比（η^2）
Θ	θ	シータ（テータ）	theta	母数，定数，推定値
Ι	ι	イオタ（アイオタ）	iota	
Κ	κ	カッパ	kappa	
Λ	λ	ラムダ	lambda	ポアソン分布のパラメータ
Μ	μ	ミュー	my, mu	母平均
Ν	ν	ニュー	ny, nu	自由度
Ξ	ξ	クサイ（クザイ，グザイ，クシー）	xi	
Ο	o	オミクロン	omicron	
Π	π	パイ（ピー）	pi	総乗（大文字），円周率
Ρ	ρ	ロー	rho	母相関係数
Σ	σ	シグマ	sigma	総和（大文字），母分散（σ^2），母標準偏差
Τ	τ	タウ	tau	
Υ	υ	ユプシロン（ウプシロン）	ypsilon, upsilon	
Φ	ϕ	ファイ（フィー，ファー）	phi	自由度，ファイ係数
Χ	χ	カイ（キー）	khi, chi	カイ二乗分布の検定統計量（χ^2）
Ψ	ψ	プサイ（サイ，プシー，プシー）	psi	対比（多重比較）
Ω	ω	オメガ	omega	

4－3　数学的基本の記号（Basic mathematical symbols）

記号 Symbol	名称（読み方） Symbol Name	意味 / 定義 Meaning / definition
Σ	シグマ sigma	総和・合計 Summation = Sum of all the values in the range of the series.
Π	パイ（大文字） capital pi	総乗・全ての値の積 Product = Product of all the values in the range of the series.
!	感嘆符，びっくりマーク 階乗エクスクラメーションマーク exclamation mark, factorial	階乗 The factorial of a positive integer n, Denoted by n!, is the product of all the positive integers less than or equal to n.
$\bigcirc^n$	n乗，エヌジョウ power	指数 exponent
$\sqrt{}$	ルート，平方根 square root	平方根 $\sqrt{a}\cdot\sqrt{a}=a$
$\mid\;\mid$	絶対値 symbols of an absolute value.	絶対値 absolute value
<	不等号［より小］ strict inequality	小なり，より小さい less than
>	不等号［より大］ strict inequality	大なり，より大きい greater than
∞	無限大，レムニスケート lemniscate	無限大 infinity symbol
%	パーセント percent	百分率 1%＝1/100＝1×10^{-2}
‰	パーミル per-mille	千分率 1‰＝0．1%＝1/1000＝1×10^{-3}
ppm	パーツ・パー・ミリオン parts per million	百万分率 1ppm ＝0．0001%＝1/1000000＝1×10^{-6}
ppb	パーツ・パー・ビリオン parts per billion	十億分率 1ppb ＝0．0000001%＝1/1000000000＝1×10^{-9}
ppt	パーツ・パー・トリリオン parts per trillion	一兆分率 1ppt ＝0．0000000001%＝1/1000000000000＝1×10^{-12}

用例　Example		
用例	用例の意味	数値例
$\sum_{i-1}^{n} x_i$	$\sum_{i-1}^{n} x_i = x_1 + x_2 + \cdots + x_n$	$x_1=7,\ x_2=6,\ x_3=8,\ x_4=3$ $\sum x_i = 7+6+8+3=24$
$\prod_{i-1}^{n} x_i$	$\prod_{i-1}^{n} x_i = x_1 \times x_2 \times \cdots \times x_n$	$\prod x_i = 7\times6\times8\times3=1008$
$n!$	$n! = 1\times2\times3\times\cdots\times n$ $n! = \prod_{i=1}^{n} k = n\times(n-1)\times(n-2)\times\cdots\times2\times1$	$4! = 4\times3\times2\times1=24$
x^n	$a^n = \underbrace{a \times a \times a \times \cdots \times a}_{n\text{個}}$	$2^3=2\times2\times2=8$
$\sqrt{a}$	$\sqrt{a} \times \sqrt{a} = a \quad \sqrt{a^2} = \pm a$	$\sqrt{9} = \pm3$
$\lvert -x \rvert$	$\lvert -x \rvert = x$	$\lvert -3 \rvert = 3$
$a < b$	$2 < 3$ 2は3より小さい 2 is less than 3	$2 < 3$
$b > a$	$3 > 2$ 3は2より大きい 3 is greater than 2	$3 > 2$

記号 Symbol	名称（読み方） Symbol Name	意味 / 定義 Meaning / definition
{ }	集合 set	要素の集合 A collection of elements
⊆	部分集合（ぶぶんしゅうごう），含む，含まれる subset	部分集合 Subset has fewer elements or equal to the set
⊂	真部分集合（しんぶぶんしゅうごう），含む，含まれる proper subset / strict subset	真部分集合 Subset has fewer elements than the set
∩	且つ（かつ），交わり，共通集合，積集合 intersection, and	積集合 and
∪	又は（または），結び，合併集合，和集合 union, or	和集合 or
∈	属する（ぞくする） 要素（ようそ）である element of	含まれる set membership
${}_nP_r$	n, P, r／Pのn, r／パーミュテーション，n, r Permutation, Permutation of choosing r objects out of n, Permutation of r objects out of n	順列（異なるn個からr個を取り出した順に1列に並べる） Permutation（number of ways to arrange in order n distinct objects taking them r at a time）
${}_nC_r$, $\binom{n}{r}$	n, C, r／Cのn, r／コンビネーション，n, r Combination, n choose r, Combination of choosing r objects out of n, Combination of r objects out of n	組み合わせ（異なるn個のものからr個を取り出す） Combinations（number of combinations of n objects taken r at a time）
$P(A)$ $\Pr(A)$	PA，事象Aの確率，ピーエー Probability of A, Probability of the（an）event A	事象Aが起きる確率を表す Probability of the（an）event A, The probability that event A will occur.

用例　Example		
用例	用例の意味	数値例
{a,b,c}	集合 a,b,c，a,b,c を要素とする集合 The set with elements a,b,c	A＝{3,7,8,14}， A は3,7,8,14を要素とする集合 B＝{8,14,28}， B は8,14,28を要素とする集合
$A \subseteq B$	A は B の部分集合である A is a subset of B or A is contained in B.	$\{8,14,28\} \subseteq \{8,14,28\}$
$A \subset B$	A は B の真部分集合である A is proper subset of B or A is proper contained in B.	$\{8,14\} \subset \{8,14,28\}$
$A \cap B$	事象 A かつ事象 B （$A \cap B$）is happening of both event A and event B	$A \cap B = \{8,14\}$
$A \cup B$	事象 A または事象 B （$A \cup B$）is happening of either event A or event B	$A \cup B = \{3,7,8,14,28\}$
$a \in A$	a は A に含まれる，a 属する A a is an element in A, a in A, a belonging to A	$A = \{3,8,14\}$，$3 \in A$
${}_n\mathrm{P}_r$	${}_n\mathrm{P}_r = \dfrac{n!}{(n-r)!}$ $= n \times (n-1) \times (n-2) \times \cdots \times (n-r+1)$, where　$n \geqq r$	${}_5\mathrm{P}_3 = \dfrac{5!}{(5-3)!}$ $= \dfrac{5\times4\times3\times2\times1}{2\times1} = 60$
${}_n\mathrm{C}_r$, $\binom{n}{r}$	${}_n\mathrm{C}_r = \dfrac{{}_n\mathrm{P}_r}{r!} = \dfrac{n!}{(n-r)!r!}$, where　$n \geqq r$	${}_5\mathrm{C}_3 = \dfrac{5!}{(5-3)!\times3!}$ $= \dfrac{5\times4\times3\times2\times1}{2\times1\times3\times2\times1} = 10$
$P(A)$	$P(A) = \dfrac{\text{事象 A が起こる場合の数}}{\text{起こりうるすべての場合の数}}$ $P(A)$ $= \dfrac{\text{Number of cases where event A occurs}}{\text{Number of all possible cases}}$	6面サイコロの目で偶数の目の出る確率 $P(A)$ は？ $P(A) = \dfrac{\{2,4,6\}}{\{1,2,3,4,5,6\}} = \dfrac{3}{6} = \dfrac{1}{2}$

記号 Symbol	名称（読み方） Symbol Name	意味 / 定義 Meaning / definition
$E(X)$	EX，X の平均，イーエックス Expectation of X	期待値 Expectation, Expected value
$V(X)$ $\mathrm{Var}(X)$	VX，X の分散，ブイ　エックス Variance of X	分散，データの散らばり具合を表す指標，x と期待値 μ との差の2乗の期待値 Variance, variance of x, The variance of random variable X is the expected value of squares of difference of X and the expected value μ.
$D(X)$ SD, σ^2	DX，X の標準偏差，ディ　エックス，SD，エスディ，シグマジジョウ Standard deviation	分散の平方根 The standard deviation is the square root of the variance.
$\overline{x}$	x-バー　エックス・バー （マクロン　macron） x-bar sample mean	x の平均，試料平均 The mean, Average of sample data
$\tilde{x}$, Me	x-メディアン，チルダ，チルダー，波形，波ダッシュ x-median, Tilde, Sample mean, Wave dash	x の中央値，中位数 Middle value of random variable x
$\hat{\mu}$	μ-ハット （山形，キャレット，サーカムフレックス） μ-hat (caret, circumflex)	母平均（母集団の平均）の推定値 Estimated population mean.
n	エヌ（小文字） Lowercase n	サンプル数 Sample size, Number of sample
N	エヌ（大文字） Uppercase N	母集団の数 Population size, Number of population

用例　Example		
用例	用例の意味	数値例
$E(X)$	計数値（離散型確率変数） $E(X)=\sum x_i P(x)=\sum x_i p_i$ 計量値（連続型確率変数） $E(X)=\int_{-\infty}^{\infty} xf(x)\,\mathrm{d}x$	6面サイコロの目の期待値は$E(X)$は？ $E(X)=\sum_{i=1}^{6} x_i p_i=1\times\frac{1}{6}+2\times\frac{1}{6}+3\times\frac{1}{6}+4\times\frac{1}{6}+5\times\frac{1}{6}+6\times\frac{1}{6}=3.5$
$V(X)$ $\mathrm{Var}(X)$	$V(X)=E(X-\mu)^2$ $V(x)=\frac{1}{n^*}\sum_{i=1}^{n}(x_i-\bar{x})^2$ n^*は，一般式ではnであるが，品質管理では，サンプルから計算して求めるので$n-1$を用いる．	$x_1=7,\ x_2=6,\ x_3=8,\ x_4=3$ $V(x)=\frac{1}{n-1}\sum_{i=1}^{n}(x_i-\bar{x})=\frac{1}{4-1}\times\{(7-6)^2+(6-6)^2+(8-6)^2+(3-6)^2\}=4.67$
$D(X)$ SD, σ^2	$D(X)=SD=\sigma^2=std(x)=\sqrt{V(x)}$	$D(x)=\sigma^2=\sqrt{V(x)}=\sqrt{4.67}=2.16$
$\bar{x}$	$\bar{x}=\frac{\sum x_i}{n}$	$x_1=7,\ x_2=6,\ x_3=8,\ x_4=3$ $\bar{x}=\frac{\sum x_i}{n}=\frac{7+6+8+3}{4}=\frac{24}{4}=6.0$
$\tilde{x}$	データを大きい順（または小さい順）に並べたとき，真ん中の値を中央値 偶数個は，真ん中に最も近い2つの平均値 Central value of an ordered data. The median is the value separating the higher half of a data sample. An even number, the median is the mean of the middle two numbers.	$x_1=7,\ x_2=6,\ x_3=8,\ x_4=3$ 大きい順に並べると，8,7,6,3, 偶数個なので7と6の平均値 $\tilde{x}=\frac{7+6}{2}=6.5$
$\hat{\mu}$	$\hat{\mu}=\bar{x}$	$x_1=7,\ x_2=6,\ x_3=8,\ x_4=3$ $\hat{\mu}=\bar{x}=6.0$
n	$n=4$	$n=4$
N	無限母集団の場合，$N=\infty$である． 有限母集団の場合は，$N=$○○○	$N=8000$

4－4　統計を学ぶ前の基礎数学

（1）　正の数と負の数

正の数（せいのすう）[Positive number（ポジティブ・ナンバー）]

0より大きい数のことを自然数ともいう．数字の前に＋（プラス）をつけて表すこともあるが，何もつけなくても正の数を表す．

事例：＋3，3，＋8，8

負の数（ふのすう）[Negative number（ネガティブ・ナンバー）]

数字の前に－（マイナス）をつけて表す．このマイナスは省略できない．負の記号（－）を会計・経理などで，△を用いることもある．また，赤字で書く場合もある．

事例：－3，△3，－8，△8

（2）　絶対値（ぜったいち）[Absolute value（アブソルート・バリュー）]
記号：｜｜

原点からの距離，0からどれだけ離れているかを示す．

正負の数から符号（＋，－）をなくしたものが絶対値である．

事例：$|-3|=3$，$|+3|=3$，$|-8|=8$，$|+8|=8$

（3）　四則演算（しそくえんざん），四則計算（しそくけいさん）[Four arithmetic operations（フォー・アリスメティック・オペレーションズ）, Four basic mathematical operations（フォー・ベーシック・マセマティカル・オペレーションズ）]

足し算（たしざん），加算（かさん）［Addition（アディッション）］記号：＋

引き算（ひきざん），減算（げんさん）［Subtraction（サブトラクション）］記号：－

掛け算（かけざん），乗算（じょうざん）［Multiplication（マルティプリケーション）］記号：×　＊　・

割り算（わりざん），除算（じょさん）［Division（ディビジョン）］記号：÷　/　（%），分数でも表す．

事例：$3+3=6$，$(-3)+8=5$，$(-3)+(-8)=-11$，$8-3=5$，$3-8=-5$

$3 \times 3 = 9$，$(-3) \times 8 = -24$，$(-3) \times (-8) = 24$

$$8 \div 2 = 8/2 = \frac{8}{2} = 4,\quad 1 \div 8 = 1/8 = \frac{1}{8} = 0.125 = 12.5\,\%$$

（4） 指数（しすう），べき指数（べきしすう），冪指数（べきしすう），累乗（るいじょう）[Exponent（エクスポーネント），Power（パワー），Power exponent（パワー・エクスポーネント），Repeated multiplication（リピーティッド・マルティプリケーション）]

a を n 回かけたものを a の n 乗といい，a^n と表す．

式で書くと

$$\underbrace{a \times a \times a \times \cdots \times a \times a}_{n\text{回}} = a^n \quad (n：\text{正の整数})$$

となる．

a^n の形をした数または式を a の累乗といい，a を底（てい），n を指数という．

ここで a^2 の場合，a の2乗（じじょう），a の自乗（じじょう）と呼ばれ，a^3 の場合，立方（りっぽう）と呼ぶ．

$8^2 = 8 \times 8 = 64 \quad 8^3 = 8 \times 8 \times 8 = 512$

なお，$a^1 = a$，$a^0 = 0$，$3^1 = 3$，$8^1 = 8$，$3^0 = 0$，$8^0 = 0$

$$a^{-n} = \frac{1}{a \times a \times a \times \cdots \times a\ (n\text{回})},\quad 8^{-3} = \frac{1}{8 \times 8 \times 8} = \frac{1}{512}$$

（5） 対数（たいすう）[Logarithm（ロガリズム）]

対数は，指数を裏返したものである．

a を底とする x の対数 p とは，$x = a^p$ となるような p のことである．

対数は，$p = \log_a x$ の形で log を使って表す，この a を底という

$$p = \log_a x \quad \Leftrightarrow \quad a^p = x$$

$8^3 = 8 \times 8 \times 8 = 512$ であるから　$\log_8 512 = 3$ となる．

底は，どんな数でも良いが，2, 10, e がよく用いられる．

2の場合：2進対数（にしんたいすう）[Binary logarithm（バイナリー・ロガリズム）]

$$\log_2 8 = 3 \quad \Leftrightarrow \quad 2^3 = 8,\ \log_2 256 = 8 \quad \Leftrightarrow \quad 2^8 = 256$$

10の場合：常用対数（じょうようたいすう）[Common logarithm（コモン・ロガリズム）]

常用対数は，log 記号を使うときに，底の10を省略することが多い．

$\log 100 = 2 \quad \Leftrightarrow \quad 10^2 = 100$，$\log 1000 = 3 \quad \Leftrightarrow \quad 10^3 = 1000$

e の場合：自然対数（しぜんたいすう）[Natural logarithm（ナチュラル・ロガリズム）]

e = 2. 71828..... を底とする対数のことである．x の自然対数を $\ln x$ と表す．

$\ln x = \log_e x$，$\ln 7.4 = \log_e 7.4 = 2.00148 \quad \Leftrightarrow \quad e^{2.00148} = 7.4$

[e はネイピア数（Napier's constant）と呼ぶ]

（6） 階乗（かいじょう）[Factorial（ファクトリアル）]

正の整数 n から 1 つずつ小さい整数を 1 まで順にかけることを n の階乗と呼び $n!$ と表す．

$0! = 1$

$1! = 1$

$2! = 2 \quad \Rightarrow \quad 2 \times 1 = 2$

$3! = 6 \quad \Rightarrow \quad 3 \times 2 \times 1 = 6$

$4! = 24 \quad \Rightarrow \quad 4 \times 3 \times 2 \times 1 = 24$

$5! = 120 \quad \Rightarrow \quad 5 \times 4 \times 3 \times 2 \times 1 = 120$

（7） 有効数字（ゆうこうすうじ）[Significant digits（シグニフィカント・ディジッツ）]

測定，計算結果で得られた数字で信頼できる有効な数字を有効数字とよびこの有効数字が何桁であるかを「有効桁数 Number of significant digits（ナンバー・オブ・シグニフィカント・ディジッツ）」と呼ぶ．

数値	有効数字	有効桁数
8.3	8.3	2桁
8.30	8.30	3桁
830000	830000	6桁
8.3×10^{4}	8.3	2桁
0.00083	0.00083	5桁
0.000830	0.000830	6桁
8.3×10^{-4}	8.3	2桁

（8）四捨五入（ししゃごにゅう）[Rounding off（ラウンディング・オフ）]

端数処理（はすうしょり）または，丸める（まるめる）方法の1つで，ある桁，必要な桁にする方法である．

下記の通り，必要な桁の1つ下の桁の数値が0であればそのまま，4以下であれば切り捨て，5以上であれば切り上げる方法である．

対象となる桁の数値

0　変わらず（No change given）

1　切り捨て（Rounding down）

2　切り捨て（Rounding down）

3　切り捨て（Rounding down）

4　切り捨て（Rounding down）

5　切り上げ（Rounding up）

6　切り上げ（Rounding up）

7　切り上げ（Rounding up）

8　切り上げ（Rounding up）

9　切り上げ（Rounding up）

4－5　データの種類（分類）

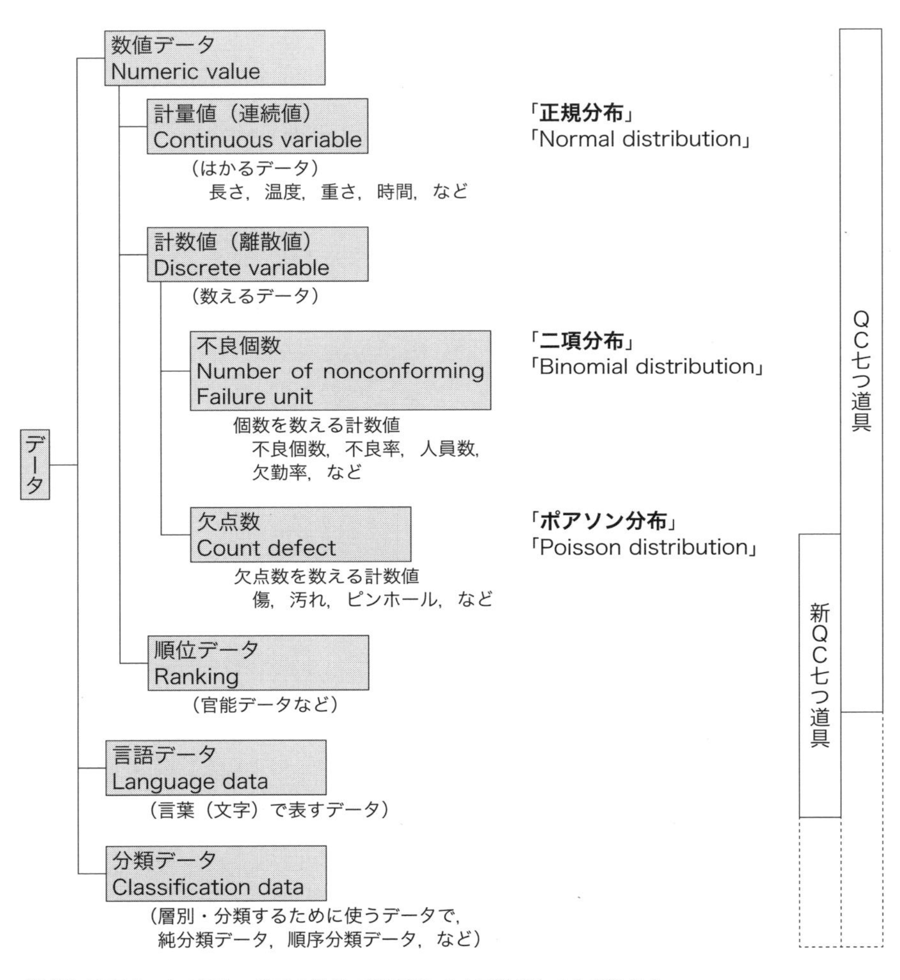

（注記）比率データの場合，分子の数値で計量値なのか計数値なのかを決める

$$\frac{\text{計量値}}{X}=\textbf{計量値} \qquad \frac{\text{計数値}}{X}=\textbf{計数値}$$

4－6　母集団とサンプル，データ

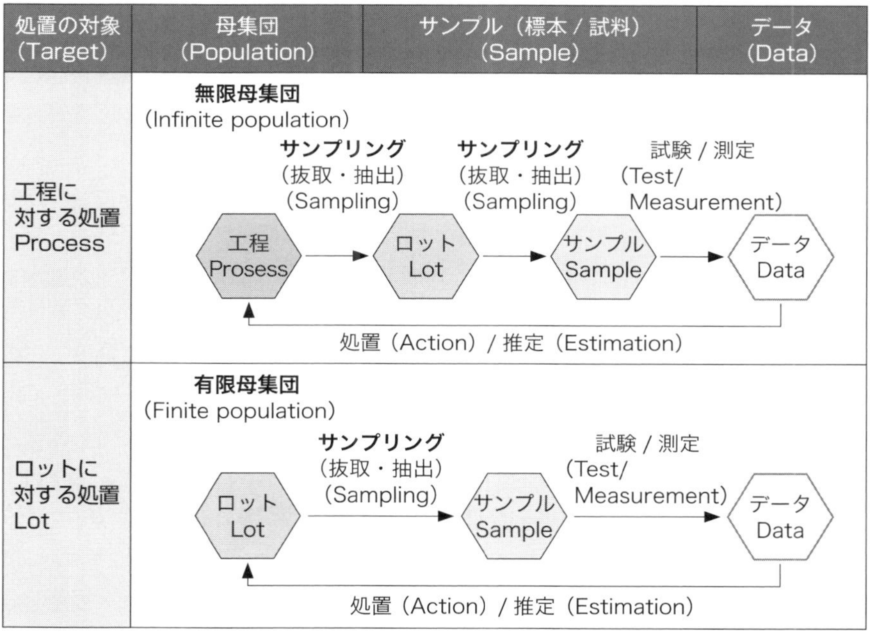

処置の対象（Target）	母集団（Population）	サンプル（標本 / 試料）（Sample）	データ（Data）
工程に対する処置 Process	**無限母集団**（Infinite population） 工程 Prosess → **サンプリング**（抜取・抽出）（Sampling） → ロット Lot	**サンプリング**（抜取・抽出）（Sampling） → サンプル Sample	試験 / 測定（Test/ Measurement） → データ Data 処置（Action）/ 推定（Estimation） → 工程
ロットに対する処置 Lot	**有限母集団**（Finite population） ロット Lot	**サンプリング**（抜取・抽出）（Sampling） → サンプル Sample	試験 / 測定（Test/ Measurement） → データ Data 処置（Action）/ 推定（Estimation） → ロット

母集団とサンプルの関係

区 分			母数（母集団）		統計量（サンプル）	
計量値	正規分布	中心	母平均	μ	平均値	$\bar{x}$
			—	—	中央値（メディアン）	$\tilde{x}$
		ばらつき	—	—	（偏差）平方和	S
			母分散	σ^2	（不偏）分散	V
			母標準偏差	σ	標準偏差	s
			—	—	範囲	R
			—	—	変動係数	CV
計数値	二項分布		母不良率	P	不良率	p
	ポアソン分布		母欠点数	λ	欠点数	c

4－7　色々な統計量

統計量を求めるときの数値事例で用いるデータは，下表を用いる．

No.	1	2	3	4	5	6	7
データ1	8	7	5	9	3	—	—
データ2	8	7	5	9	3	1	—
データ3	30	760	13	38	30	36	45

（1）統計量（とうけいりょう）[Statistics（スタティスティックス）]

統計的な情報を得たい対象全体を母集団（ぼしゅうだん）[Population（ポピュレーション）] といい，この母集団から抽出（ちゅうしゅつ）[Sampling（サンプリング）] した標本（ひょうほん）[Sample（サンプル）] を調査・測定して得た情報の統計的指標（平均値，標準偏差など）を統計量と呼ぶ．

（2）総和（そうわ），総計（そうけい），合計（ごうけい）[Summation（サムメーション），Sum total（サム・トータル），Total（トータル）] 記号：Σ

$\sum_{i=1}^{n} x_i = x_1 + x_2 + x_3 + \cdots + x_n$　　$i = 1, n$ を省いて $\sum x_i$ とすることもある．

データ1の数値事例：$\sum x_i = 8 + 7 + 5 + 9 + 3 = 32$

（3）分布の中心を表す基本統計量

期待値と代表値に関して，一般には同じ扱いをして問題はないが，下記に簡単に解説しておく．

1）期待値（きたいち）[Expected value（エクスペクティッド・バリュー）]

1回の観測で期待される値のことであり，平均値を期待値とされることがある．記号は $E(x)$ で表される．

2）代表値（だいひょうち）[Typical value（ティピカル・バリュー），Representative value（リプリゼンタティブ・バリュー），Measure of central tendency（メジャー・オブ・セントラル・テンデンシー），Average（アベレージ）]

データ全体を要約する値，データ全体の様子を1つの数値で代表させる数値．データの中心位置を示す統計量であり，平均（算術平均），中央値，最頻値がよく用いられる．さらに，ミッドレンジ，調和平均値，幾何平均，調整平均，加重平均，移動平均がある．

3）平均（へいきん），算術平均（さんじゅつへいきん）[Arithmetic mean（アリスメティック ミーン）]

平均は，最もよく使われる代表値として扱われる値で算術平均ともいう．

統計量の場合，標本平均，試料平均ともいい，記号の上に“ー”（バー）をつけて表し，母平均 μ と区別する．また，記号の上に“＾”（ハット）をつけて推定値の意味をもたせている．$\hat{\mu} = \bar{x}$

データ 1 の数値事例：

$$\bar{x} = \frac{\sum x_i}{n} = \frac{8+7+5+9+3}{5} = \frac{32}{5} = 6.4$$

4）中央値（ちゅうおうち），中位値（ちゅういち），中位数（ちゅういすう），メディアン（めでぃあん）[Median（メディアン）]

データを大きさの順に並べた中央の値である．偶数個の場合は中央の 2 個のデータの平均をとる．記号の上に“～”，波形（なみがた）をつけて表し，波形をメディアンとも呼んでいる．また Me と表すこともある．

データ 1 の数値事例：

数値の小さい方から大きい方に並べると

3，5，7，8，9 であるので中央値は，7 である．

$\tilde{x} = 7$ となる．

データ 2 の数値事例：

数値の小さい方から大きい方に並べると

1，3，5，7，8，9 であるので中央値は中央の 2 個のデータの平均であるから，

$$\tilde{x} = \frac{5+7}{2} = 6.0$$ となる．

データ 3 の数値事例：

数値の小さい方から大きい方に並べると

13, 30, 30, 36, 38, 45, 760

であるので中央値は，36である．

5）最頻値（さいひんち），最多値（さいたち）[Mode（モード）]

度数分布で最も頻度の高い値，最も頻繁に出現する値であり，記号 Mo と表すこともある．Mode の直訳として流行値といわれることもある．

サンプル数が少ないと使えないが，データ 3 の数値事例は求められる事例としている．

データ 3 の数値事例：

Mo ＝30である．30は 2 個あり，他はすべて 1 個のデータである．

6）ミッドレンジ（みっどれんじ），中点（ちゅうてん）[Mid-range, Midrange（ミッドレンジ）]

最大値と最小値の平均，中点，中位で，（最大値＋最小値）/ 2 で求める．

データ 1 の数値事例：$(9+3)/2=6$

データ 2 の数値事例：$(9+1)/2=5$

データ 3 の数値事例：$(760+13)/2=386.5$

7）調和平均（ちょうわへいきん）[Harmonic mean（ハーモニック・ミーン）]

逆数の算術平均を求め，その結果の逆数である．

データ 1 の数値事例：$\dfrac{1}{\left(\frac{1}{8}+\frac{1}{7}+\frac{1}{5}+\frac{1}{9}+\frac{1}{3}\right)\Big/5}=5.48$

8）幾何平均（きかへいきん），相乗平均（そうじょうへいきん）[Geometric mean（ジアメトリック・ミーン）]

積の冪乗（累乗）根，n 乗根である．

データ 1 の数値事例：$\sqrt[5]{8\times7\times5\times9\times3}=5.97$

9）調整平均（ちょうせいへいきん），刈り込み平均（かりこみへいきん），トリム平均（とりむへいきん）[Trimmed mean（トリムド・ミーン）]

データを大きさの順に並べる．次にある割合でその両端（上端側と下端側）のデータのいくつかを除外したときの算術平均である．

データ 3 の数値事例：両端から 1 つのデータを除いた場合の例

数値の小さい方から大きい方に並べると

13，30，30，36，38，45，760

ここから両端の13と760を除いた

30，30，36，38，45の算術平均を求めると

$$\frac{30+30+36+38+45}{5}=35.80$$ となる．

10）加重平均（かじゅうへいきん），重みつき平均（おもみつきへいきん）
[Weighted mean（ウェイティッド・ミーン）]

データの重み（基となる量の大きさ）を加味した平均である．

株価指数，賃金統計などが加重平均を用いている．

平均時給830円のA社と平均時給1000円のB社の算術平均時給を求めると（830＋1000）/2＝915となるので，平均時間給は915円となる．しかし，A社が800人，B社が30人と従業員数が異なる場合，加重平均を求めると

$$\frac{(830\times 800)+(1000\times 30)}{800+30}=836.145$$

となり，加重平均は836.145円となる．

11）移動平均（いどうへいきん）[Moving mean]

時系列データにおいて，ある一定区間ごとの平均を区間をずらしながら求めた平均であり，時系列データを平滑化するのに使い周期と移動平均の区間が等しい場合，周期の影響は完全に排除できて，長期的な傾向を表す滑らかな曲線が得られる．

さらに単純移動平均，加重移動平均，修正移動平均，指数平滑移動平均，累積移動平均などと多種である．また，そのそれぞれに用いる区間も色々と使われている．ゆえに，ここでは数値事例は省く．

（4）分布のばらつきを表す基本統計量

ばらつき（Dispersion），ちらばり（Spread）

1）最大値（さいだいち）[Maximum（マクシマム），Largest（ラージスト）]

データの中で最も大きい値，記号Max，L，$x_{\max}$ など表される．

データ1の数値事例：　9

データ2の数値事例：　9

データ3の数値事例：　760

2）最小値（最小値）[Minimum（ミニマム），Smallest（スモーレスト）]

データの中で最も小さい値，記号Min，S，$x_{\min}$ など表される．

データ 1 の数値事例：　3

データ 2 の数値事例：　1

データ 3 の数値事例：　13

3）範囲（はんい）[Range（レンジ）] 記号 R

分布の広がりの程度，データのばらつきの程度，大きさである．

最大値と最小値の差であり，$R = x_{\max} - x_{\min}$

データ 1 の数値事例：$R = x_{\max} - x_{\min} = 9 - 3 = 6$

データ 2 の数値事例：$R = x_{\max} - x_{\min} = 9 - 1 = 8$

データ 3 の数値事例：$R = x_{\max} - x_{\min} = 760 - 13 = 747$

4）偏差（へんさ）[Deviation（ディービエーション）] 記号 D

データそれぞれの値と平均との差である．

$D = (x_i - \overline{x})$

データ 1 の数値事例

データ 1	偏差
8	(8 − 6.4) = 1.6
7	(7 − 6.4) = 0.6
5	(5 − 6.4) = −1.4
9	(9 − 6.4) = 2.6
3	(3 − 6.4) = −3.4

5）平方和（へいほうわ），偏差平方和（へんさへいほうわ）[Sum of squares（サム・オブ・スクェアズ）] 記号 S　$s.s.$

偏差の合計は 0（ゼロ）となるのでばらつきを表す尺度とはならないので，偏差の 2 乗の合計を求める．

$S = (x_i - \overline{x})^2 + (x_2 - \overline{x})^2 \cdots (x_i - \overline{x})^2 = \sum (x_i - \overline{x})^2$

この式を書き直して

$$S = \sum (x_i - \overline{x})^2 = \sum x_i^2 - \frac{(\sum x_i)^2}{n}$$

この $\frac{(\sum x_i)^2}{n}$ を修正項（しゅうせいこう）[Correction Term（コレクション・ターム）] と呼び，記号 CT で表す．

$S = \sum x_i^2 - CT$

と書かれることもある．

$$S = (x_i - \bar{x})^2 + (x_2 - \bar{x})^2 \cdots (x_i - \bar{x})^2 = \sum (x_i - \bar{x})^2 = \sum x_i^2 - \frac{(\sum x_i)^2}{n} = \sum x_i^2 - CT$$

データ１の数値事例

No.	データ１ x_i	データ１の２乗 x_i^2	偏差 $(x_i - \bar{x})$	偏差の２乗 $(x_i - \bar{x})^2$
1	8	64	(８−6.４)＝1.６	2.56
2	7	49	(７−6.４)＝0.６	0.36
3	5	25	(５−6.４)＝−1.４	1.96
4	9	81	(９−6.４)＝2.６	6.76
5	3	9	(３−6.４)＝−3.４	11.56
合計	32	228	0	23.20

$$S = \sum x_i^2 - \frac{(\sum x_i)^2}{n} = 228 - \frac{32^2}{5} = 228 - \frac{1024}{5} = 228 - 204.8 = 23.2$$

６）分散（ぶんさん）［Variance（バリアンス）］記号 V

標本分散（Sample Variance）と不偏分散（Unbiased Variance）の２種類がある．同じと定義している文献，異なる定義をしている文献があるが，本書は，異なる定義を下記に示す．QC 検定及び各手法で用いられて，分散と呼ばれているのは不偏分散である．本書も分散＝不偏分散として解説する．

（ａ）標本分散（ひょうほんぶんさん）［Sample Variance（サンプル・バリアンス）

標本分散は標本から計算した分散　平方和を標本数（n）で割った値

$$V = \frac{S}{n}$$

データ１の数値事例

$$V = \frac{23.2}{5} = 4.64$$

（ｂ）不偏分散（ふへんぶんさん）［Unbiased Variance（アンバイアスド・バリアンス）］

標本分散は母分散に比べ小さいのでこれを補正（n を $n-1$ として）

した分散を不偏分散という．この（$n-1$）を自由度（じゆうど）[Degree of freedom（ディグリー・オブ・フリードム）] と呼ぶ．

$$V=\frac{S}{n-1}$$

データ 1 の数値事例

$$V=\frac{23.2}{5-1}=5.8$$

7）標準偏差（ひょうじゅんへんさ）[Standard Deviation（スタンダード・ディビエーション）] 記号　s　SD

分散の平方根を標準偏差と呼ぶ．偏差の合計が 0 となるので，偏差平方和を用いているので，元に戻すために平方根を用いる．

$$S=\sqrt{V}$$

データ 1 の数値事例

$$S=\sqrt{5.8}=2.40831\to 2.41$$

8）変動係数（へんどうけいすう），相対的標準偏差（そうたいてきひょうじゅんへんさ）[Coefficient of Variation（コーイフィッシエント・オブ・ベアリエーション）] 記号　CV

平均に対して相対的なばらつきの大きさを表す値であり，標準偏差を平均で割った値である．

$$CV=\frac{s}{\bar{x}}$$

データ 1 の数値事例

$$CV=\frac{s}{\bar{x}}=\frac{2.40831}{6.4}=0.37528\to 0.375$$

9）四分位数（しぶいすう）四分位値（しぶいち）[Quartile（クォティル）]

データの値を大きさの順に並べたとき，4 等分する位置の値を四分位数という．四分位数は，小さい方から順に第 1 四分位数，第 2 四分位数（中央値と同じ値），第 3 四分位数といい，順に Q_1，Q_2，Q_3 で表す．

求め方，考え方が文献によって異なるが，本書では次の種類 方法-Ⅰ と 方法-Ⅱ を示す

Q_2＝中央値は，いずれも同じである．

方法-I

Q_1＝（$x_{\min}$）から（Q_2）の中央値，Q_3＝（Q_2）から（$x_{\max}$）の中央値

データ 1 の数値事例

$Q_2 = 7$

Q_1＝3，5，7 の中央値なので　$Q_1 = 5$

Q_3＝7．8，9 の中央値なので　$Q_3 = 8$

方法-II

Q_1＝（$x_{\min}$）から（Q_2－1 個目のデータ）の中央値，

Q_3＝（Q_2＋1 個目）から $x_{\max}$ の中央値

データ 1 の数値事例

$Q_2 = 7$

Q_1＝3，5　2 個のデータなので　$Q_1 = \dfrac{3+5}{2} = 4$

Q_3＝8，9　2 個のデータなので　$Q_3 = \dfrac{8+9}{2} = 8.5$

10）四分位範囲（しぶいはんい）[Inter-Quartile Range（インター・クォティル・レンジ）]　記号　IQR

第 3 四分位数と第 1 四分位数の差である．

$$IQR = Q_3 - Q_1$$

データ 1 の数値事例

方法-I：$IQR = Q_3 - Q_1 = 8 - 5 = 3$

方法-II：$IQR = Q_3 - Q_1 = 8.5 - 4 = 4.5$

11）四分位偏差（しぶいへんさ）[Quartile Deviation（クォティル・ディビエーション）]

四分位範囲の半分　$\dfrac{Q_3 - Q_1}{2}$

データ 1 の数値事例

方法-I：$\dfrac{Q_3 - Q_1}{2} = \dfrac{8-5}{2} = 1.5$

方法-II ： $\dfrac{Q_3 - Q_1}{2} = \dfrac{8.5 - 4}{2} = 2.25$

12）偏差値（へんさち）[Standard score（スタンダード・スコアー）]

正規分布の規準化は平均を 0，標準偏差を 1 としたが，偏差値は，平均を50，標準偏差を10として，ある値が母集団の中でどれくらいの位置にいるかを表す値である．日本では1970年頃から学力偏差値として広く用いられている．

ある値（x）＝　得点数，試験の成績（学力偏差値の場合）

母平均（μ）＝　平均点数，試験の平均点数（学力偏差値の場合）

偏差値（z）＝　学力偏差値

$$z = \frac{x - \mu}{\sigma} \times 10 + 50$$

ルート(平方根)の計算

記号　$\sqrt{\ }$　は「ルート」「平方根」と呼ぶ.

2乗の逆で　$\sqrt{9}=3$ なので　3の2乗すなわち，$3^2=3\times 3=9$ である.

● 電卓で $\sqrt{9}=3$ を求める.

[9]　を押す．9の表示が出る．[√]　を押す．表示が3となり $\sqrt{9}$ の解が求まる.

(注) 電卓によっては先に[√]を押し，数値を押して[=]を押すといった電卓もあるので，電卓の取扱説明書を確認することをお勧めする.

Excel では，　SQRT 関数を使う．＝SQRT(508369) とすれば，713となる.

● 筆算で求める方法

$\sqrt{50.8369}$ を筆算で求める.

```
           7.□
  7      √50.8369
  7       49
 ───     ──────
 14□       1.83
```

① 最初に小数点から2ケタずつ区切り線を入れる.

② 左の2桁の数に近い平方数を求める．50に近い平方数は，
$7\times 7=49$ です.

③ 普通の割り算のように7と49を左のように書く，さらに左側に7を書く.

```
           7. 1 3
  7      √50.8369
  7       49
 ───     ──────
 141       1.83
   1       1.41
 ───     ──────
 1423        4269
    3        4269
         ──────
                0
```

④ 右側の2桁の83を下におろす.

⑤ 左側の和に1桁加えた値との積で183に近い数を求める.
14□×□の□を求める.
この場合1である.
$141\times 1=141$ で183より小さい最も近い数となる.

⑥ この1を左のように書き加える.

⑦ これを繰り返す.（左参照）

⑧ 7.13が求められる.

品質管理で用いられる代表的な分布の確率関数と期待値・分散

分布の名称	確率関数 $f(x)$	期待値 $E(x)$	分散 $V(x)$
離散一様分布	$\frac{1}{N} \quad x=1,2,\cdots N$	$\frac{N+1}{2}$	$\frac{N^2-1}{12}$
連続一様分布	$\frac{1}{b-a} \quad a \leq x \leq b$	$\frac{a+b}{2}$	$\frac{(b-a)^2}{12}$
二項分布	${}_nC_x p^x (1-p)^{n-x}$ $x=1,2,\cdots n$	np	$np(1-p)$
ポアソン分布	$e^{-\lambda}\frac{\lambda^x}{x!} \quad x=1,2,\cdots\cdots$ $\lambda>0$	λ	m
超幾何分布	$\frac{{}_MC_x \cdot {}_{N-M}C_{n-x}}{{}_NC_n}$ $x=1,2,\cdots n$ $x \leqq M \quad n-x \leqq N-M$	$\frac{nM}{N}$	$\frac{nM}{N}\left(1-\frac{M}{N}\right)\frac{N-n}{N-1}$
正規分布（ガウス分布）	$\frac{1}{\sqrt{2\pi\sigma}}e^{-\frac{(x-\mu)^2}{2\sigma^2}}$ $-\infty \leqq \mu \leqq \infty \quad \sigma>0$	μ	σ^2
指数分布	$\lambda e^{-\lambda x} \quad 0 \leqq x \leqq \infty$	$\frac{1}{\lambda}$	$\frac{1}{\lambda^2}$
ガンマ分布	$\frac{x^{\alpha-1}e^{-\frac{x}{\beta}}}{\beta^\alpha \Gamma(\alpha)} \quad 0 \leqq x \leqq \infty$	$\alpha\beta$	$\alpha\beta^2$
ワイブル分布	$\frac{bx^{b-1}}{a^b}e^{-\left(\frac{x}{a}\right)^b} \quad 0 \leqq x \leqq \infty$	$a\Gamma\left(\frac{b+1}{a}\right)$	$a^2\left[\Gamma\left(\frac{b+2}{b}\right)-\left\{\Gamma\left(\frac{b+1}{b}\right)\right\}^2\right]$

計量値の検定選定のためのフローチャート

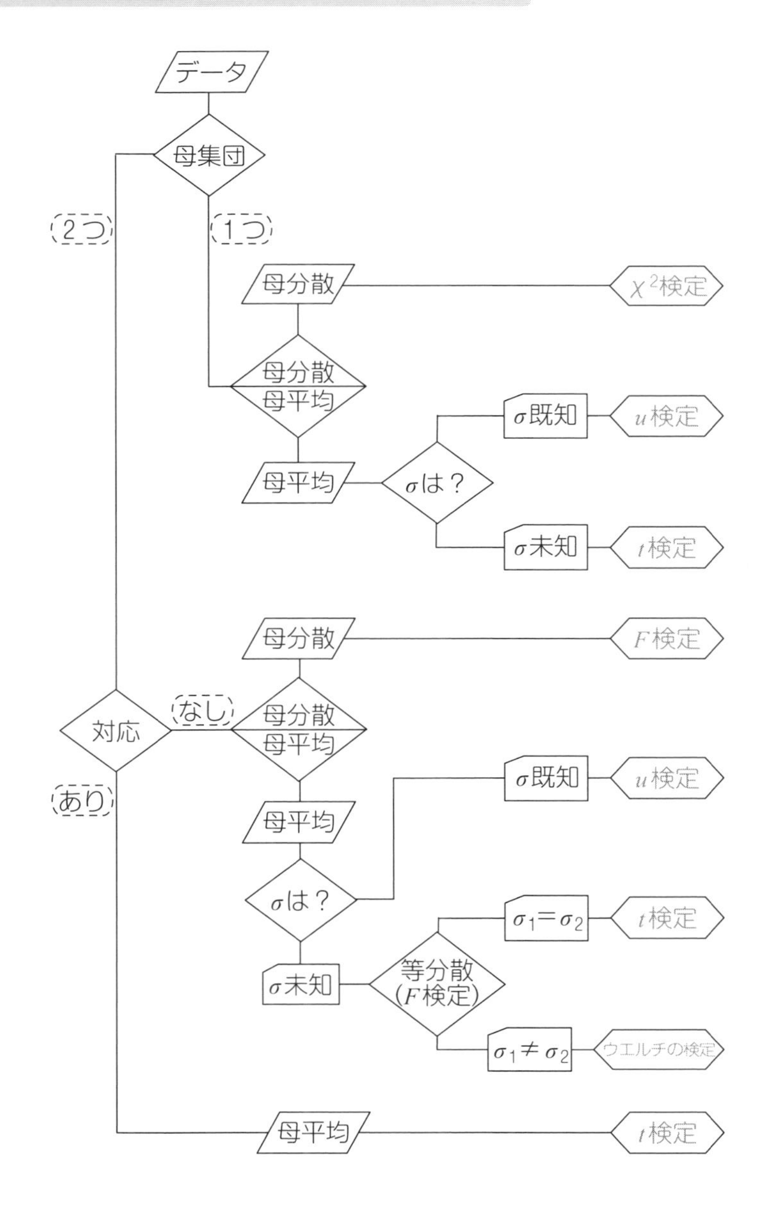

各検定の検定統計量，対立仮説に対する棄却域，推定式

検定の区分	対立仮説	棄却域	検定統計量	推定式
u 検定 $\mu=\mu_0$ σ 既知	$\mu \neq \mu_0$	$\lvert u_0 \rvert \geqq u(\alpha)$	$u_0=\dfrac{\bar{x}-\mu_0}{\sigma/\sqrt{n}}$	$\bar{x} \pm u(\alpha)\dfrac{\sigma}{\sqrt{n}}$
	$\mu > \mu_0$	$u_0 \geqq u(2\alpha)$		
	$\mu < \mu_0$	$u_0 \leqq -u(2\alpha)$		
t 検定 $\mu=\mu_0$ σ 未知	$\mu \neq \mu_0$	$\lvert t_0 \rvert \geqq t(\phi,\alpha)$	$\lvert t_0 \rvert=\dfrac{\bar{x}-\mu_0}{\sqrt{V/n}}$	$\bar{x} \pm t(\phi,\alpha)\sqrt{\dfrac{V}{n}}$
	$\mu > \mu_0$	$t_0 \geqq t(\phi,2\alpha)$		
	$\mu < \mu_0$	$t_0 \leqq -t(\phi,2\alpha)$		
χ^2 検定 $\sigma^2=\sigma_0^2$	$\sigma^2 \neq \sigma_0^2$	$\chi_0^2 \geqq \chi^2(\phi,\alpha/2)$ $\chi_0^2 \geqq \chi^2(\phi,1-\alpha/2)$	$\chi_0^2=\dfrac{S}{\sigma_0^2}$	$\sigma_L^2=\dfrac{S}{\chi^2(\phi,\alpha/2)}$ $\sigma_U^2=\dfrac{S}{\chi^2(\phi,1-\alpha/2)}$
	$\sigma^2 > \sigma_0^2$	$\chi_0^2 \geqq \chi^2(\phi,\alpha)$		
	$\sigma^2 < \sigma_0^2$	$\chi_0^2 \leqq \chi^2(\phi,1-\alpha)$		
F 検定 $\sigma_A^2=\sigma_B^2$	$\sigma_A^2 \neq \sigma_B^2$	$F_0 \geqq F(\phi_M,\phi_D,\alpha/2)$	$F_0=\dfrac{V_M}{V_D}$	V_M は V_A と V_B で大きい方 ϕ_M は，V_M の自由度 V_D は V_A と V_B で小さい方 ϕ_D は，V_D の自由度 $F_0=\dfrac{V_M}{V_D}$ $=\dfrac{F_0}{F(\phi_M,\phi_D,\frac{\alpha}{2})}$
	$\sigma_A^2 \geqq \sigma_B^2$	$F_0 \geqq F(\phi_A,\phi_B,\alpha)$	$F_0=\dfrac{V_A}{V_B}$	
	$\sigma_A^2 \leqq \sigma_B^2$	$F_0 \geqq F(\phi_B,\phi_A,\alpha)$	$F_0=\dfrac{V_B}{V_A}$	
t 検定 $\mu_A=\mu_B$	$\mu \neq \mu_0$	$\lvert t_0 \rvert \geqq t(\phi,\alpha)$	$t_0=\dfrac{\bar{x}_B-\bar{x}_A}{\sqrt{V\left(\dfrac{1}{n_A}+\dfrac{1}{n_B}\right)}}$	$(\bar{x}_B-\bar{x}_A)$ $\pm t(\phi_A+\phi_B,\alpha)\sqrt{V\left(\dfrac{1}{n_A}+\dfrac{1}{n_B}\right)}$
	$\mu > \mu_0$	$t_0 \geqq t(\phi,2\alpha)$		
	$\mu < \mu_0$	$t_0 \leqq -t(\phi,2\alpha)$		
ウエルチの検定 $\mu_A=\mu_B$	$\mu \neq \mu_0$	$\lvert t_0 \rvert \geqq t(\phi^*,\alpha)$	$t_0=\dfrac{\bar{x}_B-\bar{x}_A}{\sqrt{\dfrac{V_A}{n_A}+\dfrac{V_B}{n_B}}}$	$(\bar{x}_B-\bar{x}_A)$ $\pm t(\phi^*,\alpha)\sqrt{\dfrac{V_A}{n_A}+\dfrac{V_B}{n_B}}$ ϕ^*は，p.54 参照
	$\mu > \mu_0$	$t_0 \geqq t(\phi^*,2\alpha)$		
	$\mu < \mu_0$	$t_0 \leqq -t(\phi^*,2\alpha)$		
t 検定 データに対応があるとき	$\delta \neq 0$	$\lvert t_0 \rvert \geqq t(\phi,\alpha)$	$t_0=\dfrac{\bar{d}}{\sqrt{V_d/n}}$	$\bar{d} \pm t(\phi,\alpha)\sqrt{\dfrac{V_d}{n}}$
	$\delta > 0$	$t_0 \geqq t(\phi,2\alpha)$		
	$\delta < 0$	$t_0 \leqq -t(\phi,2\alpha)$		

正規分布表

$$K_{\mathrm{p}} \to P = Pr\{u \geqq K_{\mathrm{p}}\} = \frac{1}{\sqrt{2\pi}} \int_{K_{\mathrm{p}}}^{\infty} \mathrm{e} - \frac{x^2}{2} \mathrm{d}x$$

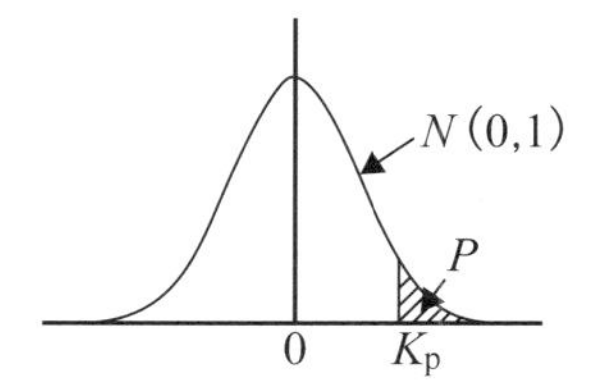

K_{p}	*=0	1	2	3	4	5	6	7	8	9
0.0*	**.5000**	.4960	.4920	.4880	.4840	**.4801**	.4761	.4721	.4681	.4641
0.1*	**.4602**	.4562	.4522	.4483	.4443	**.4404**	.4364	.4325	.4286	.4247
0.2*	**.4207**	.4168	.4129	.4090	.4052	**.4013**	.3974	.3936	.3897	.3859
0.3*	**.3821**	.3783	.3745	.3707	.3669	**.3632**	.3594	.3557	.3520	.3483
0.4*	**.3446**	.3409	.3372	.3336	.3300	**.3264**	.3228	.3192	.3156	.3121
0.5*	**.3085**	.3050	.3015	.2981	.2946	**.2912**	.2877	.2843	.2810	.2776
0.6*	**.2743**	.2709	.2676	.2643	.2611	**.2578**	.2546	.2514	.2483	.2451
0.7*	**.2420**	.2389	.2358	.2327	.2296	**.2266**	.2236	.2206	.2177	.2148
0.8*	**.2119**	.2090	.2061	.2033	.2005	**.1977**	.1949	.1922	.1894	.1867
0.9*	**.1841**	.1814	.1788	.1762	.1736	**.1711**	.1685	.1660	.1635	.1611
1.0*	**.1587**	.1562	.1539	.1515	.1492	**.1469**	.1446	.1423	.1401	.1379
1.1*	**.1357**	.1335	.1314	.1292	.1271	**.1251**	.1230	.1210	.1190	.1170
1.2*	**.1151**	.1131	.1112	.1093	.1075	**.1056**	.1038	.1020	.1003	.0985
1.3*	**.0968**	.0951	.0934	.0918	.0901	**.0885**	.0869	.0853	.0838	.0823
1.4*	**.0808**	.0793	.0778	.0764	.0749	**.0735**	.0721	.0708	.0694	.0681
1.5*	**.0668**	.0655	.0643	.0630	.0618	**.0606**	.0594	.0582	.0571	.0559
1.6*	**.0548**	.0537	.0526	.0516	.0505	**.0495**	.0485	.0475	.0465	.0455
1.7*	**.0446**	.0436	.0427	.0418	.0409	**.0401**	.0392	.0384	.0375	.0367
1.8*	**.0359**	.0351	.0344	.0336	.0329	**.0322**	.0314	.0307	.0301	.0294
1.9*	**.0287**	.0281	.0274	.0268	.0262	**.0256**	.0250	.0244	.0239	.0233
2.0*	**.0228**	.0222	.0217	.0212	.0207	**.0202**	.0197	.0192	.0188	.0183
2.1*	**.0179**	.0174	.0170	.0166	.0162	**.0158**	.0154	.0150	.0146	.0143
2.2*	**.0139**	.0136	.0132	.0129	.0125	**.0122**	.0119	.0116	.0113	.0110
2.3*	**.0107**	.0104	.0102	.0099	.0096	**.0094**	.0091	.0089	.0087	.0084
2.4*	**.0082**	.0080	.0078	.0075	.0073	**.0071**	.0069	.0068	.0066	.0064
2.5*	**.0062**	.0060	.0059	.0057	.0055	**.0054**	.0052	.0051	.0049	.0048
2.6*	**.0047**	.0045	.0044	.0043	.0041	**.0040**	.0039	.0038	.0037	.0036
2.7*	**.0035**	.0034	.0033	.0032	.0031	**.0030**	.0029	.0028	.0027	.0026
2.8*	**.0026**	.0025	.0024	.0023	.0023	**.0022**	.0021	.0021	.0020	.0019
2.9*	**.0019**	.0018	.0018	.0017	.0016	**.0016**	.0015	.0015	.0014	.0014
3.0*	**.0013**	.0013	.0013	.0012	.0012	**.0011**	.0011	.0011	.0010	.0010

（注記）本書では K_{p} としているが，他に K_{ε}，u，x などとしている表もある．

符号検定表

（表中の数字は少ないほうの符号の数，この数よりも多ければ有意でない）

k	0.01	0.05	k	0.01	0.05	k	0.01	0.05
			36	9	11	66	22	24
			37	10	12	67	22	25
8	0	0	38	10	12	68	22	25
9	0	1	39	11	12	69	23	25
10	0	1	40	11	13	70	23	26
11	0	1	41	11	13	71	24	26
12	1	2	42	12	14	72	24	27
13	1	2	43	12	14	73	25	27
14	1	2	44	13	15	74	25	28
15	2	3	45	13	15	75	25	28
16	2	3	46	13	15	76	26	28
17	2	4	47	14	16	77	26	29
18	3	4	48	14	16	78	27	29
19	3	4	49	15	17	79	27	30
20	3	5	50	15	17	80	28	30
21	4	5	51	15	18	81	28	31
22	4	5	52	16	18	82	28	31
23	4	6	53	16	18	83	29	32
24	5	6	54	17	19	84	29	32
25	5	7	55	17	19	85	30	32
26	6	7	56	17	20	86	30	33
27	6	7	57	18	20	87	31	33
28	6	8	58	18	21	88	31	34
29	7	8	59	19	21	89	31	34
30	7	9	60	19	21	90	32	35
31	7	9	61	20	22			
32	8	9	62	20	22			
33	8	10	63	20	23			
34	9	10	64	21	23			
35	9	11	65	21	24			

注：k ＝90以上では，次式で計算した数より小さい整数を用いる。

$(k-1)/2-K\sqrt{k+1}$

K	P_{r}
1.2879	0.01
0.9800	0.05

χ^2 分布表　$\chi^2(\phi, P)$

$$P = \int_{\chi^2}^{\infty} \frac{1}{\Gamma\left(\frac{\phi}{2}\right)} e^{-\frac{X}{2}} \left(\frac{X}{2}\right)^{\frac{\phi}{2}-1} \frac{dX}{2}$$

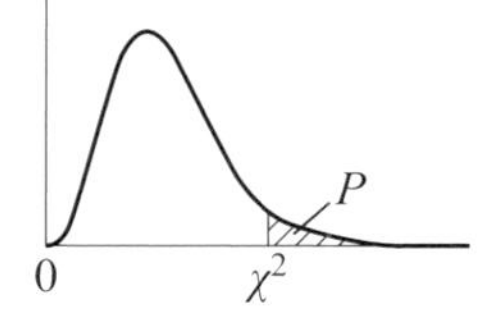

自由度 ϕ と上側確率 P とから χ^2 を求める表

ϕ ＼ P	.995	.99	.975	.95	.90	.75	.50	.25	.10	.05	.025	.01	.005
1	0.0^4393	0.0^3157	0.0^3982	0.0^2393	0.0158	0.102	0.455	1.323	2.71	3.84	5.02	6.63	7.88
2	0.01	0.0201	0.0506	0.103	0.211	0.575	1.386	2.77	4.61	5.99	7.38	9.21	10.60
3	0.0717	0.115	0.216	0.352	0.584	1.213	2.37	4.11	6.25	7.81	9.35	11.34	12.84
4	0.207	0.297	0.484	0.711	1.064	1.923	3.36	5.39	7.78	9.49	11.14	13.28	14.86
5	0.412	0.554	0.831	1.145	1.610	2.67	4.35	6.63	9.24	11.07	12.83	15.09	16.75
6	0.676	0.872	1.237	1.635	2.20	3.45	5.35	7.84	10.64	12.59	14.45	16.81	18.55
7	0.989	1.239	1.690	2.17	2.83	4.25	6.35	9.04	12.02	14.07	16.01	18.48	20.3
8	1.344	1.646	2.18	2.73	3.49	5.07	7.34	10.22	13.36	15.51	17.53	20.1	22.0
9	1.735	2.09	2.70	3.33	4.17	5.90	8.34	11.39	14.68	16.92	19.02	21.7	23.6
10	2.16	2.56	3.25	3.94	4.87	6.74	9.34	12.55	15.99	18.31	20.5	23.2	25.2
11	2.60	3.05	3.82	4.57	5.58	7.58	10.34	13.70	17.28	19.68	21.9	24.7	26.8
12	3.07	3.57	4.40	5.23	6.30	8.44	11.34	14.85	18.55	21.0	23.3	26.2	28.3
13	3.57	4.11	5.01	5.89	7.04	9.30	12.34	15.98	19.81	22.4	24.7	27.7	29.8
14	4.07	4.66	5.63	6.57	7.79	10.17	13.34	17.12	21.1	23.7	26.1	29.1	31.3
15	4.60	5.23	6.26	7.26	8.55	11.04	14.34	18.25	22.3	25.0	27.5	30.6	32.8
16	5.14	5.81	6.91	7.96	9.31	11.91	15.34	19.37	23.5	26.3	28.8	32.0	34.3
17	5.70	6.41	7.56	8.67	10.09	12.79	16.34	20.5	24.8	27.6	30.2	33.4	35.7
18	6.26	7.01	8.23	9.39	10.86	13.68	17.34	21.6	26.0	28.9	31.5	34.8	37.2
19	6.84	7.63	8.91	10.12	11.65	14.56	18.34	22.7	27.2	30.1	32.9	36.2	38.6
20	7.43	8.26	9.59	10.85	12.44	15.45	19.34	23.8	28.4	31.4	34.2	37.6	40.0
21	8.03	8.90	10.28	11.59	13.24	16.34	20.3	24.9	29.6	32.7	35.5	38.9	41.4
22	8.64	9.54	10.98	12.34	14.04	17.24	21.3	26.0	30.8	33.9	36.8	40.3	42.8
23	9.26	10.20	11.69	13.09	14.85	18.14	22.3	27.1	32.0	35.2	38.1	41.6	44.2
24	9.89	10.86	12.40	13.85	15.66	19.04	23.3	28.2	33.2	36.4	39.4	43.0	45.6
25	10.52	11.52	13.12	14.61	16.47	19.94	24.3	29.3	34.4	37.7	40.6	44.3	46.9
26	11.16	12.20	13.84	15.38	17.29	20.8	25.3	30.4	35.6	38.9	41.9	45.6	48.3
27	11.81	12.88	14.57	16.15	18.11	21.7	26.3	31.5	36.7	40.1	43.2	47.0	49.6
28	12.46	13.56	15.31	16.93	18.94	22.7	27.3	32.6	37.9	41.3	44.5	48.3	51.0
29	13.12	14.26	16.05	17.71	19.77	23.6	28.3	33.7	39.1	42.6	45.7	49.6	52.3
30	13.79	14.95	16.79	18.49	20.6	24.5	29.3	34.8	40.3	43.8	47.0	50.9	53.7
40	20.7	22.2	24.4	26.5	29.1	33.7	39.3	45.6	51.8	55.8	59.3	63.7	66.8
50	28.0	29.7	32.4	34.8	37.7	42.9	49.3	56.3	63.2	67.5	71.4	76.2	79.5
60	35.5	37.5	40.5	43.2	46.5	52.3	59.3	67.0	74.4	79.1	83.3	88.4	92.0
70	43.3	45.4	48.8	51.7	55.3	61.7	69.3	77.6	85.5	90.5	95.0	100.4	104.2
80	51.2	53.5	57.2	60.4	64.3	71.1	79.3	88.1	96.6	101.9	106.6	112.3	116.3
90	59.2	61.8	65.6	69.1	73.3	80.6	89.3	98.6	107.6	113.1	118.1	124.1	128.3
100	67.3	70.1	74.2	77.9	82.4	90.1	99.3	109.1	118.5	124.3	129.6	135.8	140.2

t 分布表　$t(\phi, P)$

$$P = 2\int_t^{\infty} \frac{\Gamma\left(\frac{\phi+1}{2}\right)\mathrm{d}v}{\sqrt{\phi\pi}\,\Gamma\left(\frac{\phi}{2}\right)\left(1+\frac{v^2}{\phi}\right)^{\frac{\phi+1}{2}}}$$

自由度 ϕ と上側確率 P とから t を求める表

ϕ ＼ P	0.50	0.40	0.30	0.20	0.10	0.05	0.02	0.01	0.001
1	1.000	1.376	1.963	3.078	6.314	12.706	31.821	63.657	636.619
2	0.816	1.061	1.386	1.886	2.920	4.303	6.965	9.925	31.599
3	0.765	0.978	1.250	1.638	2.353	3.182	4.541	5.841	12.924
4	0.741	0.941	1.190	1.533	2.132	2.776	3.747	4.604	8.610
5	0.727	0.920	1.156	1.476	2.015	2.571	3.365	4.032	6.869
6	0.718	0.906	1.134	1.440	1.943	2.447	3.143	3.707	5.959
7	0.711	0.896	1.119	1.415	1.895	2.365	2.998	3.499	5.408
8	0.706	0.889	1.108	1.397	1.860	2.306	2.896	3.355	5.041
9	0.703	0.883	1.100	1.383	1.833	2.262	2.821	3.250	4.781
10	0.700	0.879	1.093	1.372	1.812	2.228	2.764	3.169	4.587
11	0.697	0.876	1.088	1.363	1.796	2.201	2.718	3.106	4.437
12	0.695	0.873	1.083	1.356	1.782	2.179	2.681	3.055	4.318
13	0.694	0.870	1.079	1.350	1.771	2.160	2.650	3.012	4.221
14	0.692	0.868	1.076	1.345	1.761	2.145	2.624	2.977	4.140
15	0.691	0.866	1.074	1.341	1.753	2.131	2.602	2.947	4.073
16	0.690	0.865	1.071	1.337	1.746	2.120	2.583	2.921	4.015
17	0.689	0.863	1.069	1.333	1.740	2.110	2.567	2.898	3.965
18	0.688	0.862	1.067	1.330	1.734	2.101	2.552	2.878	3.922
19	0.688	0.861	1.066	1.328	1.729	2.093	2.539	2.861	3.883
20	0.687	0.860	1.064	1.325	1.725	2.086	2.528	2.845	3.850
21	0.686	0.859	1.063	1.323	1.721	2.080	2.518	2.831	3.819
22	0.686	0.858	1.061	1.321	1.717	2.074	2.508	2.819	3.792
23	0.685	0.858	1.060	1.319	1.714	2.069	2.500	2.807	3.768
24	0.685	0.857	1.059	1.318	1.711	2.064	2.492	2.797	3.745
25	0.684	0.856	1.058	1.316	1.708	2.060	2.485	2.787	3.725
26	0.684	0.856	1.058	1.315	1.706	2.056	2.479	2.779	3.707
27	0.684	0.855	1.057	1.314	1.703	2.052	2.473	2.771	3.690
28	0.683	0.855	1.056	1.313	1.701	2.048	2.467	2.763	3.674
29	0.683	0.854	1.055	1.311	1.699	2.045	2.462	2.756	3.659
30	0.683	0.854	1.055	1.310	1.697	2.042	2.457	2.750	3.646
40	0.681	0.851	1.050	1.303	1.684	2.021	2.423	2.704	3.551
50	0.679	0.849	1.047	1.299	1.676	2.009	2.403	2.678	3.496
60	0.679	0.848	1.045	1.296	1.671	2.000	2.390	2.660	3.460
70	0.678	0.847	1.044	1.294	1.667	1.994	2.381	2.648	3.435
80	0.678	0.846	1.043	1.292	1.664	1.990	2.374	2.639	3.416
90	0.677	0.846	1.042	1.291	1.662	1.987	2.368	2.632	3.402
100	0.677	0.845	1.042	1.290	1.660	1.984	2.364	2.626	3.390
120	0.677	0.845	1.041	1.289	1.658	1.980	2.358	2.617	3.373
∞	0.674	0.842	1.036	1.282	1.645	1.960	2.326	2.576	3.291

F 分布表　　$F(\phi_1, \phi_2 : P)$　（P = 5 %の表）

$$P=\int_F^{\infty}\frac{\phi_1^{\frac{\phi_1}{2}}\ \phi_2^{\frac{\phi_2}{2}}\ X^{\frac{\phi_1}{2}-1}\ \mathrm{d}X}{B\left(\frac{\phi_1}{2},\ \frac{\phi_2}{2}\right)\left(\phi_1 X+\phi_2\right)^{\frac{\phi_1+\phi_2}{2}}}$$

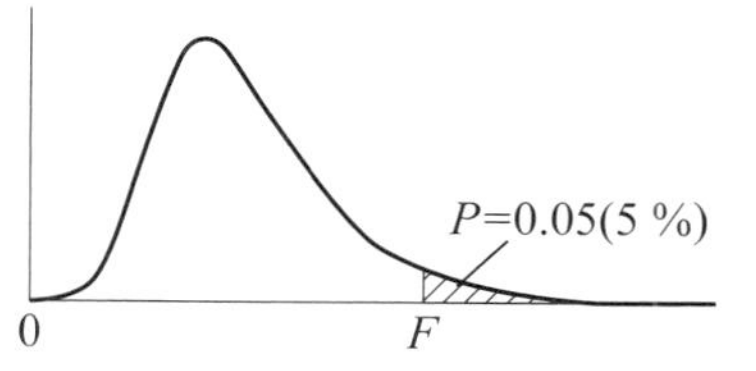

自由度 ϕ_1, ϕ_2 と上側確率 P から F を求める表

ϕ_1 は分子の自由度　　ϕ_2 は分母の自由度

ϕ_2 \ ϕ_1	1	2	3	4	5	6	7	8	9	10	15	20	25	30	35	40	50	60	100	∞
1	161	200	216	225	230	234	237	239	241	242	246	248	249	250	251	251	252	252	253	254
2	18.5	19.0	19.2	19.2	19.3	19.3	19.4	19.4	19.4	19.4	19.4	19.4	19.5	19.5	19.5	19.5	19.5	19.5	19.5	19.5
3	10.1	9.55	9.28	9.12	9.01	8.94	8.89	8.85	8.81	8.79	8.70	8.66	8.63	8.62	8.60	8.59	8.58	8.57	8.55	8.53
4	7.71	6.94	6.59	6.39	6.26	6.16	6.09	6.04	6.00	5.96	5.86	5.80	5.77	5.75	5.73	5.72	5.70	5.69	5.66	5.63
5	6.61	5.79	5.41	5.19	5.05	4.95	4.88	4.82	4.77	4.74	4.62	4.56	4.52	4.50	4.48	4.46	4.44	4.43	4.41	4.36
6	5.99	5.14	4.76	4.53	4.39	4.28	4.21	4.15	4.10	4.06	3.94	3.87	3.83	3.81	3.79	3.77	3.75	3.74	3.71	3.67
7	5.59	4.74	4.35	4.12	3.97	3.87	3.79	3.73	3.68	3.64	3.51	3.44	3.40	3.38	3.36	3.34	3.32	3.30	3.27	3.23
8	5.32	4.46	4.07	3.84	3.69	3.58	3.50	3.44	3.39	3.35	3.22	3.15	3.11	3.08	3.06	3.04	3.02	3.01	2.97	2.93
9	5.12	4.26	3.86	3.63	3.48	3.37	3.29	3.23	3.18	3.14	3.01	2.94	2.89	2.86	2.84	2.83	2.80	2.79	2.76	2.71
10	4.96	4.10	3.71	3.48	3.33	3.22	3.14	3.07	3.02	2.98	2.85	2.77	2.73	2.70	2.68	2.66	2.64	2.62	2.59	2.54
11	4.84	3.98	3.59	3.36	3.20	3.09	3.01	2.95	2.90	2.85	2.72	2.65	2.60	2.57	2.55	2.53	2.51	2.49	2.46	2.40
12	4.75	3.89	3.49	3.26	3.11	3.00	2.91	2.85	2.80	2.75	2.62	2.54	2.50	2.47	2.44	2.43	2.40	2.38	2.35	2.30
13	4.67	3.81	3.41	3.18	3.03	2.92	2.83	2.77	2.71	2.67	2.53	2.46	2.41	2.38	2.36	2.34	2.31	2.30	2.26	2.21
14	4.60	3.74	3.34	3.11	2.96	2.85	2.76	2.70	2.65	2.60	2.46	2.39	2.34	2.31	2.28	2.27	2.24	2.22	2.19	2.13
15	4.54	3.68	3.29	3.06	2.90	2.79	2.71	2.64	2.59	2.54	2.40	2.33	2.28	2.25	2.22	2.20	2.18	2.16	2.12	2.07
16	4.49	3.63	3.24	3.01	2.85	2.74	2.66	2.59	2.54	2.49	2.35	2.28	2.23	2.19	2.17	2.15	2.12	2.11	2.07	2.01
17	4.45	3.59	3.20	2.96	2.81	2.70	2.61	2.55	2.49	2.45	2.31	2.23	2.18	2.15	2.12	2.10	2.08	2.06	2.02	1.96
18	4.41	3.55	3.16	2.93	2.77	2.66	2.58	2.51	2.46	2.41	2.27	2.19	2.14	2.11	2.08	2.06	2.04	2.02	1.98	1.92
19	4.38	3.52	3.13	2.90	2.74	2.63	2.54	2.48	2.42	2.38	2.23	2.16	2.11	2.07	2.05	2.03	2.00	1.98	1.94	1.88
20	4.35	3.49	3.10	2.87	2.71	2.60	2.51	2.45	2.39	2.35	2.20	2.12	2.07	2.04	2.01	1.99	1.97	1.95	1.91	1.84
21	4.32	3.47	3.07	2.84	2.68	2.57	2.49	2.42	2.37	2.32	2.18	2.10	2.05	2.01	1.98	1.96	1.94	1.92	1.88	1.81
22	4.30	3.44	3.05	2.82	2.66	2.55	2.46	2.40	2.34	2.30	2.15	2.07	2.02	1.98	1.96	1.94	1.91	1.89	1.85	1.78
23	4.28	3.42	3.03	2.80	2.64	2.53	2.44	2.37	2.32	2.27	2.13	2.05	2.00	1.96	1.93	1.91	1.88	1.86	1.82	1.76
24	4.26	3.40	3.01	2.78	2.62	2.51	2.42	2.36	2.30	2.25	2.11	2.03	1.97	1.94	1.91	1.89	1.86	1.84	1.80	1.73
25	4.24	3.39	2.99	2.76	2.60	2.49	2.40	2.34	2.28	2.24	2.09	2.01	1.96	1.92	1.89	1.87	1.84	1.82	1.78	1.71
26	4.23	3.37	2.98	2.74	2.59	2.47	2.39	2.32	2.27	2.22	2.07	1.99	1.94	1.90	1.87	1.85	1.82	1.80	1.76	1.69
27	4.21	3.35	2.96	2.73	2.57	2.46	2.37	2.31	2.25	2.20	2.06	1.97	1.92	1.88	1.86	1.84	1.81	1.79	1.74	1.67
28	4.20	3.34	2.95	2.71	2.56	2.45	2.36	2.29	2.24	2.19	2.04	1.96	1.91	1.87	1.84	1.82	1.79	1.77	1.73	1.65
29	4.18	3.33	2.93	2.70	2.55	2.43	2.35	2.28	2.22	2.18	2.03	1.94	1.89	1.85	1.83	1.81	1.77	1.75	1.71	1.64
30	4.17	3.32	2.92	2.69	2.53	2.42	2.33	2.27	2.21	2.16	2.01	1.93	1.88	1.84	1.81	1.79	1.76	1.74	1.70	1.62
35	4.12	3.27	2.87	2.64	2.49	2.37	2.29	2.22	2.16	2.11	1.96	1.88	1.82	1.79	1.76	1.74	1.70	1.68	1.63	1.56
40	4.08	3.23	2.84	2.61	2.45	2.34	2.25	2.18	2.12	2.08	1.92	1.84	1.78	1.74	1.72	1.69	1.66	1.64	1.59	1.51
45	4.06	3.20	2.81	2.58	2.42	2.31	2.22	2.15	2.10	2.05	1.89	1.81	1.75	1.71	1.68	1.66	1.63	1.60	1.55	1.47
50	4.03	3.18	2.79	2.56	2.40	2.29	2.20	2.13	2.07	2.03	1.87	1.78	1.73	1.69	1.66	1.63	1.60	1.58	1.52	1.44
60	4.00	3.15	2.76	2.53	2.37	2.25	2.17	2.10	2.04	1.99	1.84	1.75	1.69	1.65	1.62	1.59	1.56	1.53	1.48	1.39
70	3.98	3.13	2.74	2.50	2.35	2.23	2.14	2.07	2.02	1.97	1.81	1.72	1.66	1.62	1.59	1.57	1.53	1.50	1.45	1.35
80	3.96	3.11	2.72	2.49	2.33	2.21	2.13	2.06	2.00	1.95	1.79	1.70	1.64	1.60	1.57	1.54	1.51	1.48	1.43	1.32
90	3.95	3.10	2.71	2.47	2.32	2.20	2.11	2.04	1.99	1.94	1.78	1.69	1.63	1.59	1.55	1.53	1.49	1.46	1.41	1.30
100	3.94	3.09	2.70	2.46	2.31	2.19	2.10	2.03	1.97	1.93	1.77	1.68	1.62	1.57	1.54	1.52	1.48	1.45	1.39	1.28
∞	3.84	3.00	2.60	2.37	2.21	2.10	2.01	1.94	1.88	1.83	1.67	1.57	1.51	1.46	1.42	1.39	1.35	1.32	1.24	1.00

F 分布表　　$F(\phi_1, \phi_2 : P)$　（$P = 2.5$ %の表）

$$P=\int_F^{\infty}\frac{\phi_1^{\frac{\phi_1}{2}}\ \phi_2^{\frac{\phi_2}{2}}\ X^{\frac{\phi_1}{2}-1}\ \mathrm{d}X}{B\left(\frac{\phi_1}{2},\ \frac{\phi_2}{2}\right)\left(\phi_1 X+\phi_2\right)^{\frac{\phi_1+\phi_2}{2}}}$$

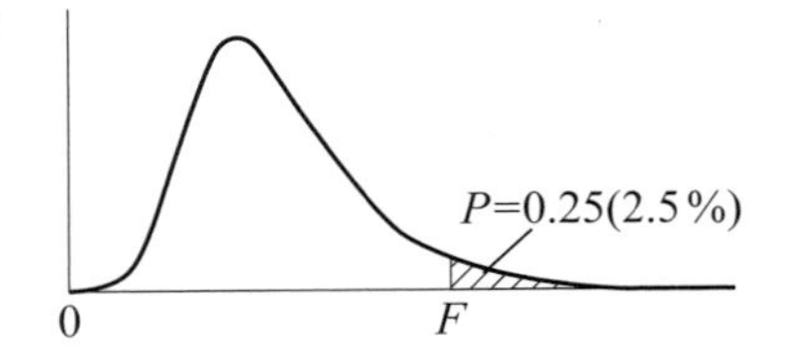

自由度 ϕ_1, ϕ_2 と上側確率 P から F を求める表

ϕ_1 は分子の自由度　　ϕ_2 は分母の自由度

ϕ_2 \ ϕ_1	1	2	3	4	5	6	7	8	9	10	15	20	25	30	35	40	50	60	100	∞
1	648	800	864	900	922	937	948	957	963	969	985	993	998	1001	1004	1006	1008	1010	1013	1018
2	38.5	39.0	39.2	39.2	39.3	39.3	39.4	39.4	39.4	39.4	39.4	39.4	39.5	39.5	39.5	39.5	39.5	39.5	39.5	39.5
3	17.4	16.0	15.4	15.1	14.9	14.7	14.6	14.5	14.5	14.4	14.3	14.2	14.1	14.1	14.1	14.0	14.0	14.0	14.0	13.9
4	12.2	10.6	10.0	9.60	9.36	9.20	9.07	8.98	8.90	8.84	8.66	8.56	8.50	8.46	8.43	8.41	8.38	8.36	8.32	8.26
5	10.0	8.43	7.76	7.39	7.15	6.98	6.85	6.76	6.68	6.62	6.43	6.33	6.27	6.23	6.20	6.18	6.14	6.12	6.08	6.02
6	8.81	7.26	6.60	6.23	5.99	5.82	5.70	5.60	5.52	5.46	5.27	5.17	5.11	5.07	5.04	5.01	4.98	4.96	4.92	4.85
7	8.07	6.54	5.89	5.52	5.29	5.12	4.99	4.90	4.82	4.76	4.57	4.47	4.40	4.36	4.33	4.31	4.28	4.25	4.21	4.14
8	7.57	6.06	5.42	5.05	4.82	4.65	4.53	4.43	4.36	4.30	4.10	4.00	3.94	3.89	3.86	3.84	3.81	3.78	3.74	3.67
9	7.21	5.71	5.08	4.72	4.48	4.32	4.20	4.10	4.03	3.96	3.77	3.67	3.60	3.56	3.53	3.51	3.47	3.45	3.40	3.33
10	6.94	5.46	4.83	4.47	4.24	4.07	3.95	3.85	3.78	3.72	3.52	3.42	3.35	3.31	3.28	3.26	3.22	3.20	3.15	3.08
11	6.72	5.26	4.63	4.28	4.04	3.88	3.76	3.66	3.59	3.53	3.33	3.23	3.16	3.12	3.09	3.06	3.03	3.00	3.71	2.88
12	6.55	5.10	4.47	4.12	3.89	3.73	3.61	3.51	3.44	3.37	3.18	3.07	3.01	2.96	2.93	2.91	2.87	2.85	3.47	2.73
13	6.41	4.97	4.35	4.00	3.77	3.60	3.48	3.39	3.31	3.25	3.05	2.95	2.88	2.84	2.80	2.78	2.74	2.72	3.27	2.60
14	6.30	4.86	4.24	3.89	3.66	3.50	3.38	3.29	3.21	3.15	2.95	2.84	2.78	2.73	2.70	2.67	2.64	2.61	3.11	2.49
15	6.20	4.77	4.15	3.80	3.58	3.41	3.29	3.20	3.12	3.06	2.86	2.76	2.69	2.64	2.61	2.59	2.55	2.52	2.98	2.40
16	6.12	4.69	4.08	3.37	3.50	3.34	3.22	3.12	3.05	2.99	2.79	2.68	2.61	2.57	2.53	2.51	2.47	2.45	2.86	2.32
17	6.04	4.62	4.01	3.66	3.44	3.28	3.16	3.06	2.98	2.92	2.72	2.62	2.55	2.50	2.47	2.44	2.41	2.38	2.76	2.25
18	5.98	4.56	3.95	3.61	3.38	3.22	3.10	3.01	2.93	2.87	2.67	2.56	2.49	2.44	2.41	2.38	2.35	2.32	2.68	2.19
19	5.92	4.51	3.90	3.56	3.33	3.17	3.05	2.96	2.88	2.82	2.62	2.51	2.44	2.39	2.36	2.33	2.30	2.27	2.60	2.13
20	5.87	4.46	3.86	3.51	3.29	3.13	3.01	2.91	2.84	2.77	2.57	2.46	2.40	2.35	2.31	2.29	2.25	2.22	2.54	2.09
21	5.83	4.42	3.82	3.48	3.25	3.09	2.97	2.87	2.80	2.73	2.53	2.42	2.36	2.31	2.27	2.25	2.21	2.18	2.48	2.04
22	5.79	4.38	3.78	3.44	3.22	3.05	2.93	2.84	2.76	2.70	2.50	2.39	2.32	2.27	2.24	2.21	2.17	2.14	2.42	2.00
23	5.75	4.35	3.75	3.41	3.18	3.02	2.90	2.81	2.73	2.67	2.47	2.36	2.29	2.24	2.20	2.18	2.14	2.11	2.37	1.97
24	5.72	4.32	3.72	3.38	3.15	2.99	2.87	2.78	2.70	2.64	2.44	2.33	2.26	2.21	2.17	2.15	2.11	2.08	2.33	1.94
25	5.69	4.29	3.69	3.35	3.13	2.97	2.85	2.75	2.68	2.61	2.41	2.30	2.23	2.18	2.15	2.12	2.08	2.05	2.29	1.91
26	5.66	4.27	3.67	3.33	3.10	2.94	2.82	2.73	2.65	2.59	2.39	2.28	2.21	2.16	2.12	2.09	2.05	2.03	2.25	1.88
27	5.63	4.24	3.65	3.31	3.08	2.92	2.80	2.71	2.63	2.57	2.36	2.25	2.18	2.13	2.10	2.07	2.03	2.00	2.22	1.85
28	5.61	4.22	3.63	3.29	3.06	2.90	2.78	2.69	2.61	2.55	2.34	2.23	2.16	2.11	2.08	2.05	2.01	1.98	2.19	1.83
29	5.59	4.20	3.61	3.27	3.04	2.88	2.76	2.67	2.59	2.53	2.32	2.21	2.14	2.09	2.06	2.03	1.99	1.96	2.16	1.81
30	5.57	4.18	3.59	3.25	3.03	2.87	2.75	2.65	2.57	2.51	2.31	2.20	2.12	2.07	2.04	2.01	1.97	1.94	2.13	1.79
35	5.48	4.11	3.52	3.18	2.96	2.80	2.68	2.58	2.50	2.44	2.23	2.12	2.05	2.00	1.96	1.93	1.89	1.86	2.02	1.70
40	5.42	4.05	3.46	3.13	2.90	2.74	2.62	2.53	2.45	2.39	2.18	2.07	1.99	1.94	1.90	1.88	1.83	1.80	1.94	1.64
45	5.38	4.01	3.42	3.09	2.86	2.70	2.58	2.49	2.41	2.35	2.14	2.03	1.95	1.90	1.86	1.83	1.79	1.76	1.88	1.59
50	5.34	3.97	3.39	3.05	2.83	2.67	2.55	2.46	2.38	2.32	2.11	1.99	1.92	1.87	1.83	1.80	1.75	1.72	1.82	1.55
60	5.29	3.93	3.34	3.01	2.79	2.63	2.51	2.41	2.33	2.27	2.06	1.94	1.87	1.82	1.78	1.74	1.70	1.67	1.75	1.48
70	5.25	3.89	3.31	2.97	2.75	2.59	2.47	2.38	2.30	2.24	2.03	1.91	1.83	1.78	1.74	1.71	1.66	1.63	1.70	1.44
80	5.22	3.86	3.28	2.95	2.73	2.57	2.45	2.35	2.28	2.21	2.00	1.88	1.81	1.75	1.71	1.68	1.63	1.60	1.65	1.40
90	5.20	3.84	3.26	2.93	2.71	2.55	2.43	2.34	2.26	2.19	1.98	1.86	1.79	1.73	1.69	1.66	1.61	1.58	1.62	1.37
100	5.18	3.83	3.25	2.92	2.70	2.54	2.42	2.32	2.24	2.18	1.97	1.85	1.77	1.71	1.67	1.64	1.59	1.56	1.60	1.35
∞	5.02	3.69	3.12	2.79	2.57	2.41	2.29	2.19	2.11	2.05	1.83	1.71	1.63	1.57	1.52	1.48	1.43	1.39	1.30	1.00

F 分布表　　$F(\phi_1, \phi_2 : P)$ （P＝１%の表）

$$P = \int_F^{\infty} \frac{\phi_1^{\frac{\phi_1}{2}} \phi_2^{\frac{\phi_2}{2}} X^{\frac{\phi_1}{2}-1}\, \mathrm{d}X}{B\left(\frac{\phi_1}{2}, \frac{\phi_2}{2}\right)\left(\phi_1 X + \phi_2\right)^{\frac{\phi_1+\phi_2}{2}}}$$

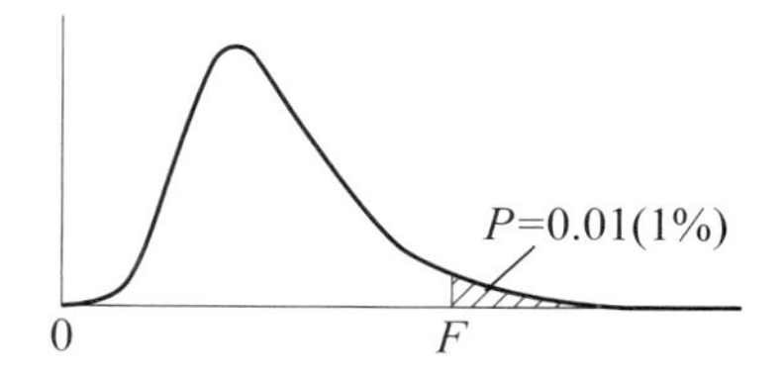

自由度 ϕ_1, ϕ_2 と上側確率 P から F を求める表

ϕ_1 は分子の自由度　　ϕ_2 は分母の自由度

ϕ_2 \ ϕ_1	1	2	3	4	5	6	7	8	9	10	15	20	25	30	35	40	50	60	100	∞
1	4052	5000	5403	5625	5764	5859	5928	5981	6022	6056	6157	6209	6240	6261	6276	6287	6303	6313	6334	6366
2	98.5	99.0	99.2	99.2	99.3	99.3	99.4	99.4	99.4	99.4	99.4	99.4	99.5	99.5	99.5	99.5	99.5	99.5	99.5	99.5
3	34.1	30.8	29.5	28.7	28.2	27.9	27.7	27.5	27.3	27.2	26.9	26.7	26.6	26.5	26.5	26.4	26.4	26.3	26.2	26.1
4	21.2	18.0	16.7	16.0	15.5	15.2	15.0	14.8	14.7	14.5	14.2	14.0	13.9	13.8	13.8	13.7	13.7	13.7	13.6	13.5
5	16.3	13.3	12.1	11.4	11.0	10.7	10.5	10.3	10.2	10.1	9.72	9.55	9.45	9.38	9.33	9.29	9.24	9.20	9.13	9.02
6	13.70	10.92	9.78	9.15	8.75	8.47	8.26	8.10	7.98	7.87	7.56	7.40	7.30	7.23	7.18	7.14	7.09	7.06	6.99	6.88
7	12.20	9.55	8.45	7.85	7.46	7.19	6.99	6.84	6.72	6.62	6.31	6.16	6.06	5.99	5.94	5.91	5.86	5.82	5.75	5.65
8	11.30	8.65	7.59	7.01	6.63	6.37	6.18	6.03	5.91	5.81	5.52	5.36	5.26	5.20	5.15	5.12	5.07	5.03	4.96	4.86
9	10.60	8.02	6.99	6.42	6.06	5.80	5.61	5.47	5.35	5.26	4.96	4.81	4.71	4.65	4.60	4.57	4.52	4.48	4.41	4.31
10	10.00	7.56	6.55	5.99	5.64	5.39	5.20	5.06	4.94	4.85	4.56	4.41	4.31	4.25	4.20	4.17	4.12	4.08	4.01	3.91
11	9.65	7.21	6.22	5.67	5.32	5.07	4.89	4.74	4.63	4.54	4.25	4.10	4.01	3.94	3.89	3.86	3.81	3.78	3.71	3.60
12	9.33	6.93	5.95	5.41	5.06	4.82	4.64	4.50	4.39	4.30	4.01	3.86	3.76	3.70	3.65	3.62	3.57	3.54	3.47	3.36
13	9.07	6.70	5.74	5.21	4.86	4.62	4.44	4.30	4.19	4.10	3.82	3.66	3.57	3.51	3.46	3.43	3.38	3.34	3.27	3.17
14	8.86	6.51	5.56	5.04	4.69	4.46	4.28	4.14	4.03	3.94	3.66	3.51	3.41	3.35	3.30	3.27	3.22	3.18	3.11	3.00
15	8.68	6.36	5.42	4.89	4.56	4.32	4.14	4.00	3.89	3.80	3.52	3.37	3.28	3.21	3.17	3.13	3.08	3.05	2.98	2.87
16	8.53	6.23	5.29	4.77	4.44	4.20	4.03	3.89	3.78	3.69	3.41	3.26	3.16	3.10	3.05	3.02	2.97	2.93	2.86	2.75
17	8.40	6.11	5.18	4.67	4.34	4.10	3.93	3.79	3.68	3.59	3.31	3.16	3.07	3.00	2.96	2.92	2.87	2.83	2.76	2.65
18	8.29	6.01	5.09	4.58	4.25	4.01	3.84	3.71	3.60	3.51	3.23	3.08	2.98	2.92	2.87	2.84	2.78	2.75	2.68	2.57
19	8.18	5.93	5.01	4.50	4.17	3.94	3.77	3.63	3.52	3.43	3.15	3.00	2.91	2.84	2.80	2.76	2.71	2.67	2.60	2.49
20	8.10	5.85	4.94	4.43	4.10	3.87	3.70	3.56	3.46	3.37	3.09	2.94	2.84	2.78	2.73	2.69	2.64	2.61	2.54	2.42
21	8.02	5.78	4.87	4.37	4.04	3.81	3.64	3.51	3.40	3.31	3.03	2.88	2.79	2.72	2.67	2.64	2.58	2.55	2.48	2.36
22	7.95	5.72	4.82	4.31	3.99	3.76	3.59	3.45	3.35	3.26	2.98	2.83	2.73	2.67	2.62	2.58	2.53	2.50	2.42	2.31
23	7.88	5.66	4.76	4.26	3.94	3.71	3.54	3.41	3.30	3.21	2.93	2.78	2.69	2.62	2.57	2.54	2.48	2.45	2.37	2.26
24	7.82	5.61	4.72	4.22	3.90	3.67	3.50	3.36	3.26	3.17	2.89	2.74	2.64	2.58	2.53	2.49	2.44	2.40	2.33	2.21
25	7.77	5.57	4.68	4.18	3.85	3.63	3.46	3.32	3.22	3.13	2.85	2.70	2.60	2.54	2.49	2.45	2.40	2.36	2.29	2.17
26	7.72	5.53	4.64	4.14	3.82	3.59	3.42	3.29	3.18	3.09	2.81	2.66	2.57	2.50	2.45	2.42	2.36	2.33	2.25	2.13
27	7.68	5.49	4.60	4.11	3.78	3.56	3.39	3.26	3.15	3.06	2.78	2.63	2.54	2.47	2.42	2.38	2.33	2.29	2.22	2.10
28	7.64	5.45	4.57	4.07	3.75	3.53	3.36	3.23	3.12	3.03	2.75	2.60	2.51	2.44	2.39	2.35	2.30	2.26	2.19	2.06
29	7.60	5.42	4.54	4.04	3.73	3.50	3.33	3.20	3.09	3.00	2.73	2.57	2.48	2.41	2.36	2.33	2.27	2.23	2.16	2.03
30	7.56	5.39	4.51	4.02	3.70	3.47	3.30	3.17	3.07	2.98	2.70	2.55	2.45	2.39	2.34	2.30	2.25	2.21	2.13	2.01
35	7.42	5.27	4.40	3.91	3.59	3.37	3.20	3.07	2.96	2.88	2.60	2.44	2.35	2.28	2.23	2.19	2.14	2.10	2.02	1.89
40	7.31	5.18	4.31	3.83	3.51	3.29	3.12	2.99	2.89	2.80	2.52	2.37	2.27	2.20	2.15	2.11	2.06	2.02	1.94	1.80
45	7.23	5.11	4.25	3.77	3.45	3.23	3.07	2.94	2.83	2.74	2.46	2.31	2.21	2.14	2.09	2.05	2.00	1.96	1.88	1.74
50	7.17	5.06	4.20	3.72	3.41	3.19	3.02	2.89	2.78	2.70	2.42	2.27	2.17	2.10	2.05	2.01	1.95	1.91	1.82	1.68
60	7.08	4.98	4.13	3.65	3.34	3.12	2.95	2.82	2.72	2.63	2.35	2.20	2.10	2.03	1.98	1.94	1.88	1.84	1.75	1.60
70	7.01	4.92	4.07	3.60	3.29	3.07	2.91	2.78	2.67	2.59	2.31	2.15	2.05	1.98	1.93	1.89	1.83	1.78	1.70	1.54
80	6.96	4.88	4.04	3.56	3.26	3.04	2.87	2.74	2.64	2.55	2.27	2.12	2.01	1.94	1.89	1.85	1.79	1.75	1.65	1.49
90	6.93	4.85	4.01	3.53	3.23	3.01	2.84	2.72	2.61	2.52	2.24	2.09	1.99	1.92	1.86	1.82	1.76	1.72	1.62	1.46
100	6.90	4.82	3.98	3.51	3.21	2.99	2.82	2.69	2.59	2.50	2.22	2.07	1.97	1.89	1.84	1.80	1.74	1.69	1.60	1.43
∞	6.63	4.61	3.78	3.32	3.02	2.80	2.64	2.51	2.41	2.32	2.04	1.88	1.77	1.70	1.64	1.59	1.52	1.47	1.36	1.00

r 表　　$r(\phi, P)$

$$P = 2\int_r^1 \frac{(1-x^2)^{\frac{\phi}{2}-1}\mathrm{d}x}{B\left(\frac{\phi}{2}, \frac{1}{2}\right)}$$

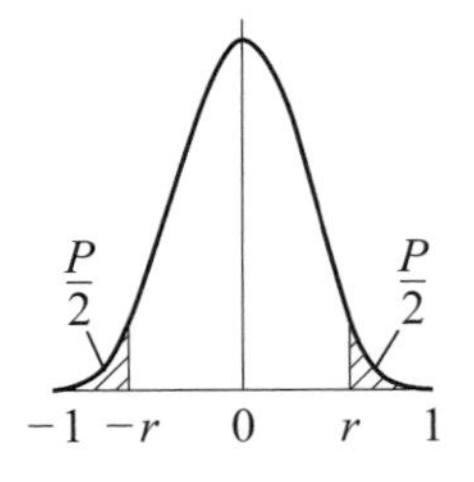

自由度 $\phi = n - 2$ の *r* の両側確率 *P* の点

ϕ ＼ P	0.25	0.10	0.05	0.02	0.01
10	0.3603	0.4973	0.5760	0.6581	0.7079
11	0.3438	0.4762	0.5529	0.6339	0.6835
12	0.3295	0.4575	0.5324	0.6120	0.6614
13	0.3168	0.4409	0.5140	0.5923	0.6411
14	0.3054	0.4259	0.4973	0.5742	0.6226
15	0.2952	0.4124	0.4821	0.5577	0.6055
16	0.2860	0.4000	0.4683	0.5425	0.5897
17	0.2775	0.3887	0.4555	0.5285	0.5751
18	0.2698	0.3783	0.4438	0.5155	0.5614
19	0.2627	0.3687	0.4329	0.5034	0.5487
20	0.2561	0.3598	0.4227	0.4921	0.5368
21	0.2500	0.3515	0.4132	0.4815	0.5256
22	0.2443	0.3438	0.4044	0.4716	0.5151
23	0.2390	0.3365	0.3961	0.4622	0.5052
24	0.2340	0.3297	0.3882	0.4534	0.4958
25	0.2293	0.3233	0.3809	0.4451	0.4869
26	0.2248	0.3172	0.3739	0.4372	0.4785
27	0.2207	0.3115	0.3673	0.4297	0.4705
28	0.2167	0.3061	0.3610	0.4226	0.4629
29	0.2130	0.3009	0.3550	0.4158	0.4556
30	0.2094	0.2960	0.3494	0.4093	0.4487
33	0.1997	0.2826	0.3338	0.3916	0.4296
38	0.1862	0.2638	0.3120	0.3665	0.4026
43	0.1751	0.2483	0.2940	0.3457	0.3801
48	0.1657	0.2353	0.2787	0.3281	0.3610
58	0.1508	0.2144	0.2542	0.2997	0.3301
68	0.1393	0.1982	0.2352	0.2776	0.3060
78	0.1301	0.1852	0.2199	0.2597	0.2864
88	0.1225	0.1745	0.2072	0.2449	0.2702
100	0.1149	0.1638	0.1946	0.2301	0.2540
近似式	$\frac{1.150}{\sqrt{\phi+1}}$	$\frac{1.645}{\sqrt{\phi+1}}$	$\frac{1.960}{\sqrt{\phi+1}}$	$\frac{2.326}{\sqrt{\phi+1}}$	$\frac{2.576}{\sqrt{\phi+1}}$

z 変換図表

$$z=\frac{1}{2}\ln\frac{1+r}{1-r}=\tanh^{-1}r,\quad r=\tanh z$$

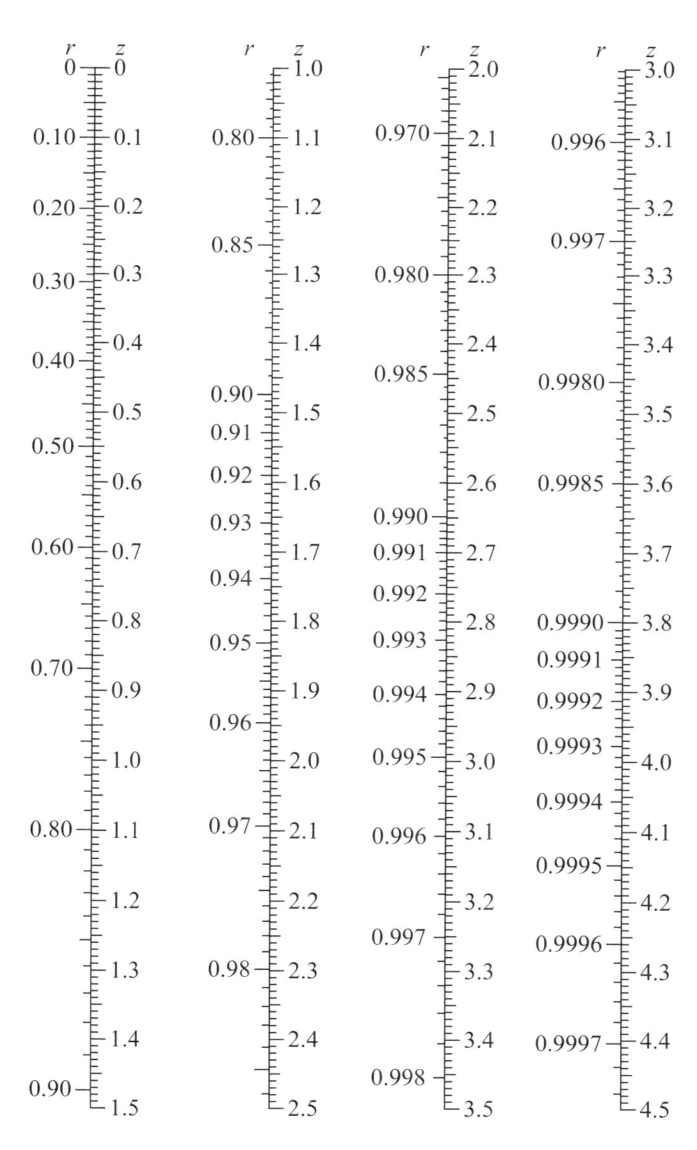

JIS Z 9002 - 1956　計数基準型 1 回抜取検査（不良個数の場合）

細字は n，太字は c　　　　$\alpha \fallingdotseq 0.05, \beta \fallingdotseq 0.10$

p_0[%] ＼ p_1[%]	0.71～0.90	0.91～1.12	1.13～1.40	1.41～1.80	1.81～2.24	2.25～2.80	2.81～3.55	3.56～4.50	4.51～5.60	5.61～7.10	7.11～9.00	9.01～11.2	11.3～14.0	14.1～18.0	18.1～22.4	22.5～28.0	28.1～35.5	p_1[%] ／ p_0[%]
0.090～0.112	*	400 1	↓	←	↓	→	60 0	50 0	←	↓	↓	←	↓	↓	↓	↓	↓	0.090～0.112
0.113～0.140	*	↓	300 1	↓	←	↓	→	↑	40 0	←	↓	↓	←	↓	↓	↓	↓	0.113～0.140
0.141～0.180	*	500 2	↓	250 1	↓	←	↓	→	↑	30 0	←	↓	↓	←	↓	↓	↓	0.141～0.180
0.181～0.224	*	*	400 2	↓	200 1	↓	←	↓	→	↑	25 0	←	↓	↓	←	↓	↓	0.181～0.224
0.225～0.280	*	*	500 3	300 2	↓	150 1	↓	←	↓	→	↑	20 0	←	↓	↓	←	↓	0.225～0.280
0.281～0.355	*	*	*	400 3	250 2	↓	120 1	↓	←	↓	→	↑	15 0	←	↓	↓	←	0.281～0.355
0.356～0.450	*	*	*	500 4	300 3	200 2	↓	100 1	↓	←	↓	→	↑	15 0	←	↓	↓	0.356～0.450
0.451～0.560	*	*	*	*	400 4	250 3	150 2	↓	80 1	↓	←	↓	→	↑	10 0	←	↓	0.451～0.560
0.561～0.710	*	*	*	*	500 6	300 4	200 3	120 2	↓	60 1	↓	←	↓	→	↑	7 0	←	0.561～0.710
0.711～0.900	*	*	*	*	*	400 6	250 4	150 3	100 2	↓	50 1	↓	←	↓	→	↑	5 0	0.711～0.900
0.901～1.12		*	*	*	*	*	300 6	200 4	120 3	80 2	↓	40 1	↓	←	↓	→	↑	0.901～1.12
1.13～1.40			*	*	*	*	500 10	250 6	150 4	100 3	60 2	↓	30 1	↓	←	↓	→	1.13～1.40
1.41～1.80				*	*	*	*	400 10	200 6	120 4	80 3	50 2	↓	25 1	↓	←	↓	1.41～1.80
1.81～2.24					*	*	*	*	300 10	150 6	100 4	60 3	40 2	↓	20 1	↓	←	1.81～2.24
2.25～2.80						*	*	*	*	250 10	120 6	70 4	50 3	30 2	↓	15 1	↓	2.25～2.80
2.81～3.55							*	*	*	*	200 10	100 6	60 4	40 3	25 2	↓	10 1	2.81～3.55
3.56～4.50								*	*	*	*	150 10	80 6	50 4	30 3	20 2	↓	3.56～4.50
4.51～5.60									*	*	*	*	120 10	60 6	40 4	25 3	15 2	4.51～5.60
5.61～7.10										*	*	*	*	100 10	50 6	30 4	20 3	5.61～7.10
7.11～9.00											*	*	*	*	70 10	40 6	25 4	7.11～9.00
9.01～11.2												*	*	*	*	60 10	30 6	9.01～11.2
p_0(%) ／ p_1(%)	0.71～0.90	0.91～1.12	1.13～1.40	1.41～1.80	1.81～2.24	2.25～2.80	2.81～3.55	3.56～4.50	4.51～5.60	5.61～7.10	7.11～9.00	9.01～11.2	11.3～14.0	14.1～18.0	18.1～22.4	22.5～28.0	28.1～35.5	p_0(%) ／ p_1(%)

備考　矢印はその方向の最初の欄の n, c を用いる．

*印は次頁「抜取検査設計補助表」による．空欄に対しては抜き取り検査方法はない．

抜取検査設計補助表

使い方

p_1/p_0	c	n
17 以上	0	$2.56/p_0+115/p_1$
16 ～ 7.9	1	$17.8/p_0+194/p_1$
7.8 ～ 5.6	2	$40.9/p_0+266/p_1$
5.5 ～ 4.4	3	$68.3/p_0+334/p_1$
4.3 ～ 3.6	4	$98.5/p_0+400/p_1$
3.5 ～ 2.8	6	$164.1/p_0+527/p_1$
2.7 ～ 2.3	10	$308/p_0+770/p_1$
2.2 ～ 2.0	15	$502/p_0+1065/p_1$
1.99 ～ 1.86	20	$704/p_0+1350/p_1$

（1）指定された p_1 と p_0 の比 p_1/p_0 を計算する．

（2）p_1/p_0 を含む行を見いだし，その行から n，c を求める．

（3）p_1/p_0 が 1.86 未満の場合には，n が大きくなって経済的に望ましくない．

（4）求めた n が整数でない場合は，それに近い整数に決める．

管理線の計算式一覧表

管理図の種類			打点する値と統計量	中心線（CL）	管理限界線（LCL, UCL）
計量値の管理図	$\overline{X}-R$ 管理図	$\overline{X}$ 管理図	$\overline{X}$, $\overline{\overline{X}}$	$\overline{\overline{X}}$	$\overline{X}\pm A_2\overline{R}$
		R 管理図	R, $\overline{R}$	$\overline{R}$	$LCL=D_3\overline{R}$, $UCL=D_4\overline{R}$
	$\overline{X}-s$ 管理図	$\overline{X}$ 管理図	$\overline{X}$, $\overline{\overline{X}}$	$\overline{\overline{X}}$	$\overline{X}\pm A_3\overline{s}$
		s 管理図	s, $\overline{s}$	$\overline{s}$	$LCL=B_3\overline{s}$, $UCL=B_4\overline{s}$
	$Me-R$ 管理図	Me 管理図	Me, $\overline{Me}$	$\overline{Me}$	$\overline{R}\pm m_3A_2\overline{R}$
		R 管理図	R, $\overline{R}$	$\overline{R}$	$LCL=D_3\overline{R}$, $UCL=D_4\overline{R}$
	$X-R_S$ 管理図	x 管理図	X, $\overline{x}$	$\overline{x}$	$\overline{x}\pm E_2\overline{x}$（$\overline{x}\pm 2.659\overline{R_S}$）
		R_S 管理図	R_S, $\overline{R_S}$	$\overline{R_S}$	$UCL=D_4\overline{R_S}$（$3.267\overline{R_S}$）
計数値の管理図	np 管理図		np, $\overline{np}$, $\overline{p}$	$\overline{np}$	$\overline{np}\pm 3\sqrt{\overline{np}(1-p)}$
	p 管理図		p, $\overline{p}$	$\overline{p}$	$\overline{p}\pm 3\sqrt{\dfrac{\overline{p}(1-\overline{p})}{n}}$
	c 管理図		c, $\overline{c}$	$\overline{c}$	$\overline{c}\pm 3\sqrt{\overline{c}}$
	u 管理図		u, $\overline{u}$	$\overline{u}$	$\overline{u}\pm 3\sqrt{\dfrac{\overline{u}}{n}}$

管理図係数表

n	X	Me		$\overline{X}$	R		
	E_2	m_3	m_3A_2	A_2	d_2	D_3	D_4
2	2.659	1.000	1.880	1.880	0.853	—	3.267
3	1.772	1.160	1.187	1.023	0.888	—	2.575
4	1.457	1.092	0.796	0.729	0.880	—	2.282
5	1.290	1.197	0.691	0.577	0.864	—	2.114
6	1.184	1.135	0.549	0.483	0.848	—	2.004
7	1.109	1.214	0.509	0.419	0.833	0.076	1.924
8	1.054	1.160	0.432	0.373	0.820	0.136	1.864

$\overline{X}-s$ 管理図係数表

n	$\overline{X}$	s	
	A_3	B_3	B_4
2	2. 659	——	3. 267
3	1. 954	——	2. 568
4	1. 628	——	2. 266
5	1. 427	——	2. 089
6	1. 287	0. 030	1. 970
7	1. 182	0. 118	1. 882
8	1. 099	0. 185	1. 815
9	1. 032	0. 239	1. 761
10	0. 975	0. 284	1. 716
11	0. 927	0. 321	1. 679
12	0. 886	0. 354	1. 646
13	0. 850	0. 382	1. 618
14	0. 817	0. 406	1. 594
15	0. 789	0. 428	1. 572
16	0. 763	0. 448	1. 552
17	0. 739	0. 466	1. 534
18	0. 718	0. 482	1. 518
19	0. 698	0. 497	1. 503
20	0. 680	0. 510	1. 490
25	0. 606	0. 565	1. 435
30	0. 552	0. 604	1. 396
40	0. 477	0. 659	1. 341
50	0. 426	0. 696	1. 304
100	0301	0. 787	1. 213
20 以上	$\frac{3}{\sqrt{n}}\left(1+\frac{1}{4n}\right)$	$1-\frac{3}{\sqrt{2n}}$	$1+\frac{3}{\sqrt{2n}}$

索　引

アルファベット

数字・ギリシャ文字

あ行

か行

さ行

た行

な行

は行

ま行

や行

ら行

わ行

人名

——著者略歴——

子安　弘美（こやす　ひろみ）
1952年生まれ
1988年　一般財団法人日本科学技術連盟　嘱託講師
2009年までパナソニック株式会社に勤務
2017年までテネジーコーポレーション　品質顧問

QCことばのハンドブック

2020年1月12日　第1版第1刷発行

著　者　子安弘美（こやすひろみ）
発行者　田中久喜

発行所
株式会社　電気書院
ホームページ　www.denkishoin.co.jp
（振替口座　00190-5-18837）
〒101-0051　東京都千代田区神田神保町1-3ミヤタビル2F
電話(03)5259-9160／FAX(03)5259-9162

印刷　亜細亜印刷株式会社
Printed in Japan／ISBN978-4-485-22124-2